U0076235

用羊毛氈戳出

超療癒醜萌動物們的日常

ぴー太郎左右衛門／作　許倩珮／譯

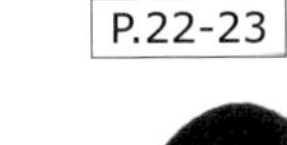

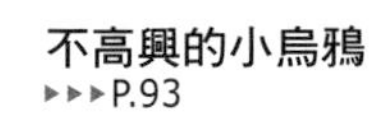

「有點壞壞的水豚」

看到可愛的小妞立刻送上柚子雞尾酒，有點壞壞的水豚。

兩人立刻情投意合。作法 P.58-59（有點壞壞的水豚）、P.59（水豚女孩）、P.94-95（烏龜老闆）

「野餐」

一對情侶正想睡個午覺，突然有隻海鷗跑來偷走漢堡！

※海鷗是友情演出，所以沒有紙型。

食物被偷之恨非同小可。就算追到天涯海角也要搶回來。 作法 P.66-67（午睡的河馬）、P64-65（悠哉的大象）

「喜不自禁的羊」

caffe Cheek Patch

Todays
MENU
- Donguri -
- Kinoko -
- Bokusou -
- Mugi -
- Toumorokoshi -

和大美女期盼已久的約會。 作法 P.60-61（小鹿亂撞的羊男孩）、P.61（女神羊）

喜不自禁的豬」

第一次被女生搭訕的豬小弟。整個人樂得飄飄然的。 作法 P.63（肉食系黑豬女）、P.62-63（被女生搭訕喜不自禁的豬小弟）

「幹練的招財貓」

在他的招呼之下沒有不進店裡的客人，手腕超強的招財貓。 作法 P.80-81（幹練的招財貓）

看著已過打烊時間還不離開的客人，一臉困擾的烏龜老闆。 作法 P.70（八字臉貓）、P.68-69（三色貓）、P.94-95（烏龜老闆）

「三溫暖同好」

工作了一整天之後，在三溫暖放鬆疲憊身心的大叔們。

雖然很熱，但卻不想第一個離開……。 作法 P.50-51（鬥牛犬）、P.76-77（聖伯納犬）、P.52-53（牛頭梗）

「搶劫大叔」

為了紀念日，掏出大錢買了頂級的蜂蜜和新卷鮭……。

想不到在暗巷裡被不良少年給搶走了。 作法 P.79（小混混熊貓）、P.82（棕熊上班族）、P.78（流氓馬來熊）

支持的球隊輸了！oh my God！ 作法 P.74-75（落敗組水牛夫婦）

耶！觸殺出局。 作法 P.72-73（勝利組無尾熊一家）

「氣呼呼的企鵝」

菜鳥工讀生阿德利企鵝又把餐點打翻了。資深老鳥的跳岩企鵝非常生氣。 作法 P.85-86（發怒的跳岩企鵝）、P.86（恍神的阿德利企鵝）

「貓頭鷹的肉鋪」

三星主廚御用供應商。A5等級的名牌老鼠肉包君滿意。 作法 P.84（雪鴞主廚）、P.83-84（老鼠肉鋪的烏林鴞）

「兔子老董」

在NO.1陪酒小姐的面前秀鈔票炫富的下流董事長。 作法 P.56-57（兔子陪酒小姐）

用錢追不到女人。 作法 P.54-55（兔子老董）

「烏鴉母子」

推開小烏鴉，搶先吃掉蚯蚓的惡劣小雞。

因為營養充足，小雞很快就學會飛了。小烏鴉們都繃著臉。 作法 P.92-93（烏鴉媽媽）、P.93（不高興的小烏鴉）、P.93（寄居的小雞）

「黃昏大叔」

不想直接回家。回過神來才發現又來到了這裡。

「待會兒一起去喝一杯吧♪」作法 P.88-89（黃昏麻雀）、P.87（黃昏花魁鳥）、P.90-91（黃昏綠頭鴨）

材料

①  ② 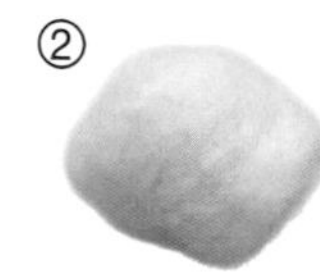 ③  ④  ⑤  ⑥  ⑦  ⑧ 

①羅姆尼（Romney）②薩斯當（Southdown）

羅姆尼和薩斯當羊毛的纖維比較粗硬，所以很容易氈化，即使是初學者也能順利上手。兩種羊毛在羊毛氈用品店都可買到。

●Ananda株式會社／http://www.ananda.jp/

●羊之工房PAO／http://pao-hituji.com

③單色羊毛條

標準的條束狀羊毛。纖維光滑細緻，能做出纖細美觀又具有良好觸感的成品。顏色相當豐富，也可藉由混色方式調配出喜愛的顏色（美麗諾羊毛100%）。

●Hamanaka株式會社／http://hamanaka.co.jp/

④天然混合羊毛條

以短纖維和粗糙的質感為特徵。自然色系有9色、香草色系有4色、雪酪色系有5色可供選擇（羊毛100%）。

●Hamanaka株式會社

---

⑤閃亮羊毛條

因為混入尼龍的關係，所以帶有閃亮的光澤。共9色（羊毛60%、閃光尼龍40%）。

●Hamanaka株式會社

⑥彩色捲捲毛條 ⑦羊毛氈用捲捲羊毛

能夠呈現出羊毛本身的蓬鬆質感。彩色捲捲毛條有8色（羊毛100%）、羊毛氈用捲捲羊毛有4色（羊毛100%）可供選擇。

●Hamanaka株式會社

⑧混色羊毛條

以4～5色的羊毛混合而成，充滿層次感的色澤為其特徵。共15色（美麗諾羊毛100%）。

●Hamanaka株式會社

用具

※以下介紹所有作品通用的用具。只用於單項作品的用具則請參照各作品的作法。

隔音墊

戳小東西時使用（羊毛不會卡在裡面，非常好用）。搭配毛刷墊一起使用的話，可降低戳刺時的聲音，並有止滑作用。

戳針用海綿墊

結構細密，即使用針戳刺也不容易凹陷的海綿墊。可承受針刺的力道，有助於安全地進行作業。可兩面使用。

●Clover株式會社

毛刷墊

毛刷狀的結構阻力較小，能夠順暢地進行作業。適合用於羊毛貼布繡等的平面作品。

●Clover株式會社

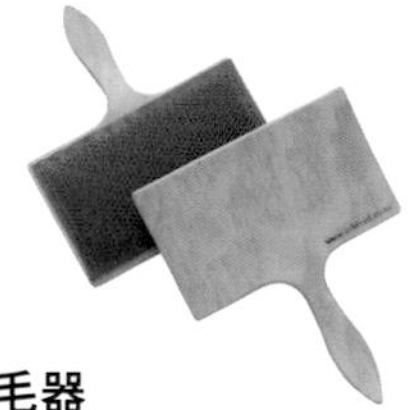

梳毛器

可用來梳開羊毛或混合顏色的便利工具。針布是最普遍的橡膠材質。以2支為一組來使用。

戳針

有用途廣泛的「普通針」；需要快速讓羊毛氈化，或是在較硬的羊毛上戳出形狀或凹槽時使用的「快速針」；以及修飾作品表面或進行最後的細部調整時使用的「修飾針」等等，種類繁多。

筆型戳針（1針）

好拿好握的六角形握把可減輕手部疲勞，最適合細部作業的1針型戳針。臉的部件、開始將大型部件的基體戳刺氈化時可使用。

●Clover株式會社／http://www.clover.co.jp

筆型戳針（3針）

可快速完成作品的3針型戳針。筆型握把可減輕手部疲勞，最多可裝上3支戳針，因此大面積也能快速完成。適用於作品的表面修飾。

●Clover株式會社

筆型戳針（5針）

可一次將大範圍氈化的5針型戳針。附有能鎖住針尖的安全蓋，可安心使用。製作片狀物體時可使用。

●Clover株式會社

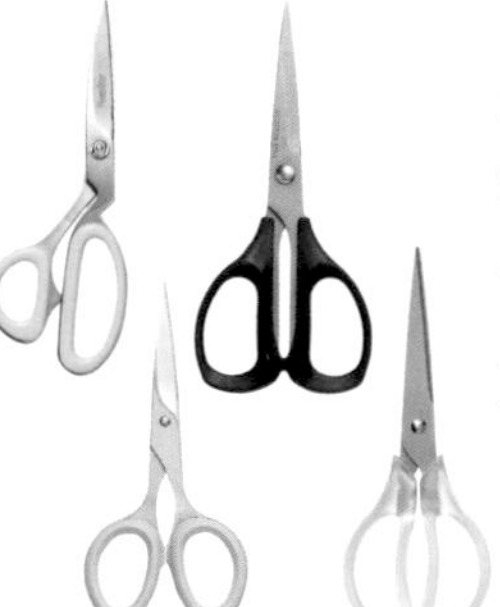

剪刀

裁縫剪刀可用來把戳硬的腳等等剪斷。手藝用剪刀可用來剪布或剪斷羊毛。尖端又尖又細的手藝用剪刀還可用來在軀幹上剪出切口。工作用剪刀可用來剪紙或透明文件夾。

透明文件夾（或厚紙板）

製作紙型時使用。本書的解說圖片中使用的都是透明文件夾。

Chako Ace消失筆

要添加花樣時用來畫上指示線條。

●Adger工業株式會社／http://www.adger.co.jp

Aritex彩色染料DYE（筆型）

用來添加花樣或塗上顏色。

●桂屋Finegoods株式會社／http://www.katsuraya-fg.com/

筆、描圖紙

描繪紙型時使用。

錐子

把不織布塞入切口當中，或是修正表情等進行細部作業時會用到。

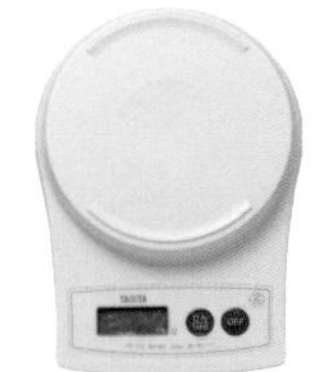

電子秤

量取羊毛時使用。

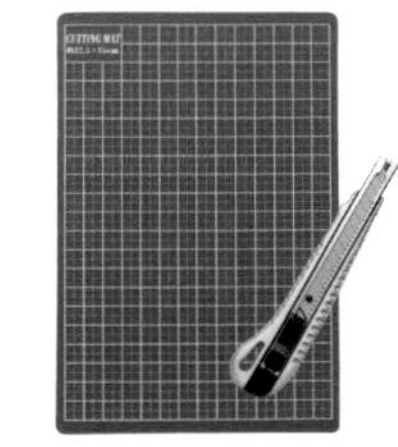

美工刀、切割墊

把描好的紙型切割下來時使用。

斜口鉗、尖嘴鉗

裁剪毛根或彎曲尾巴時會用到。

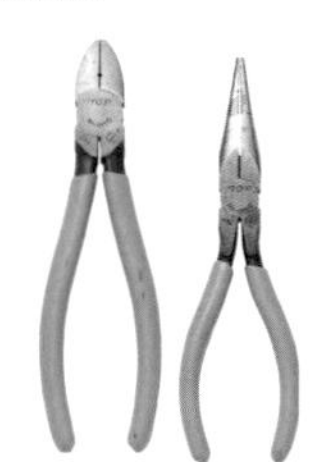

布尺、直尺

布尺是用來測量軀幹的周長。直尺可用來測量角或毛根的長度。

竹籤

把羊毛捲起來製作筒狀的基體時會用到。

透明膠帶

固定紙型時使用。

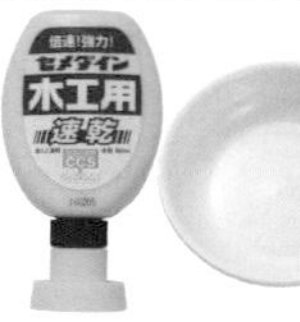

木工用白膠、小盤子

白膠可用來黏貼配件，或是倒入小盤子裡加水稀釋後塗抹在羊毛上使其硬化。

準備羊毛

用手將羊毛撕開或用剪刀剪斷。以電子秤秤重，把需要的用量準備好。

混色的方法

①

左手壓住羊毛，邊梳開邊將羊毛鋪在梳毛器上，把不同顏色重疊在一起。

②

把羊毛從梳毛器上取下，分成2～3等分重疊起來。

③

把②再次鋪在梳毛器上，將顏色混合均勻。

④

重複②～③的步驟數次，等顏色大致混勻之後，用梳毛器一點一點地梳開，接著拉直之後就完成了。

大部件（軀幹）的戳刺方法

①
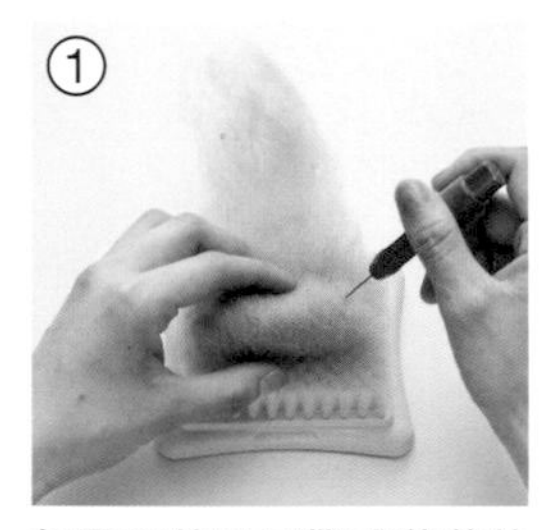

把需要的用量攤成薄薄的帶狀，邊捲起邊戳刺固定。

②
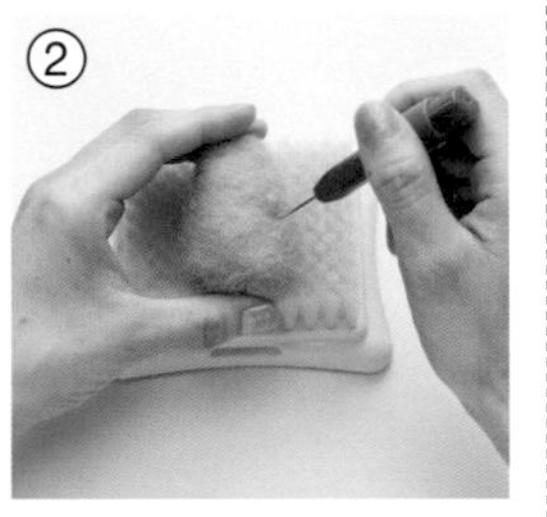

捲完之後再整體戳刺，調整形狀。

小部件的戳刺方法

①
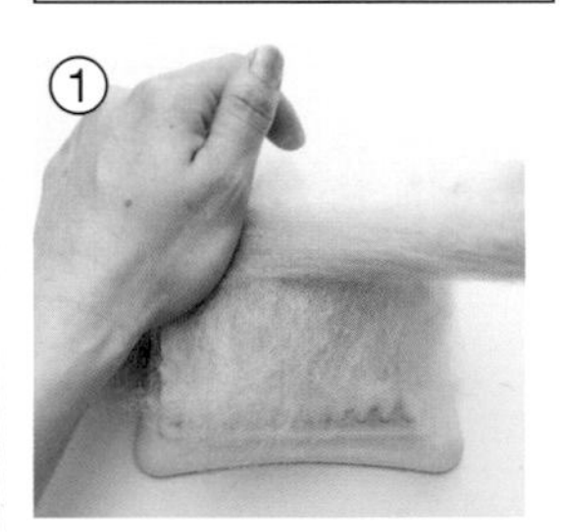

在毛刷墊上把羊毛以縱向→橫向的順序薄薄地重疊鋪好。

②
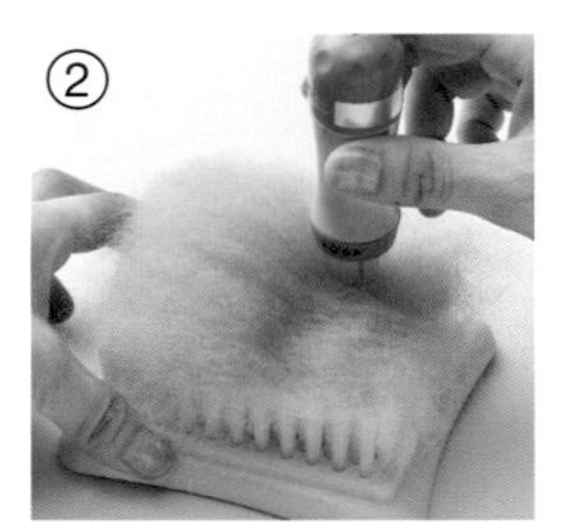

用3～5支戳針把①戳刺氈化。

③

配合設計，將羊毛捲起或折疊起來戳刺固定，把羊毛戳得紮實堅硬一點。

使用模型的戳刺方法

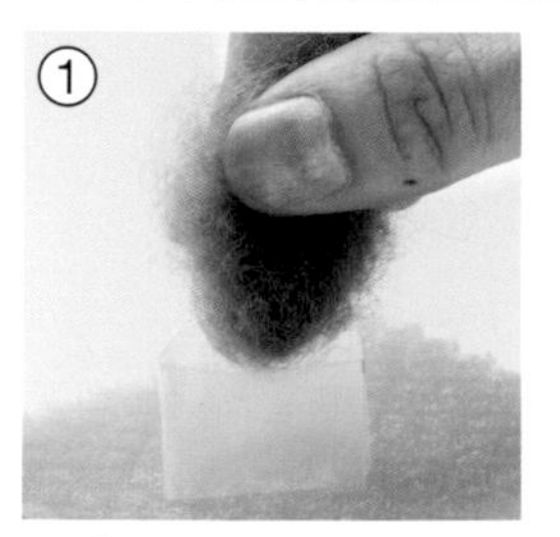

用透明文件夾（或厚紙板）製作模型，插在毛刷墊上。把羊毛放進裡面。

用戳針戳刺。

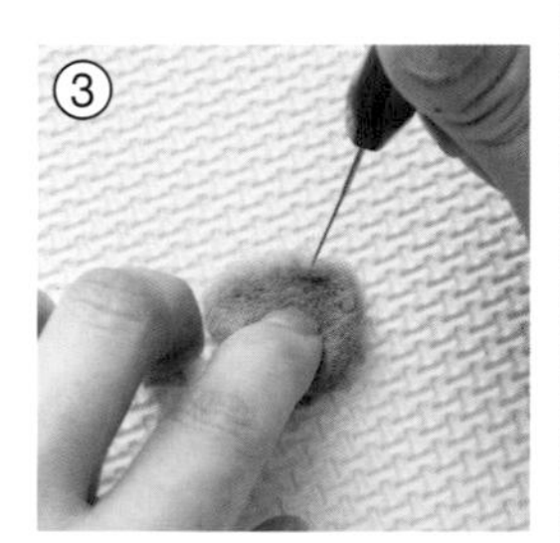

拿掉模型後繼續戳刺。小東西可放在隔音墊上戳刺，調整形狀。

部件的組合方式

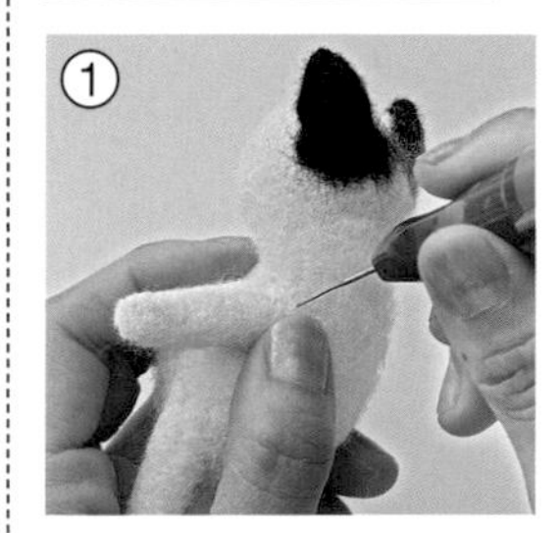

把根部牢牢壓緊，戳刺接合。

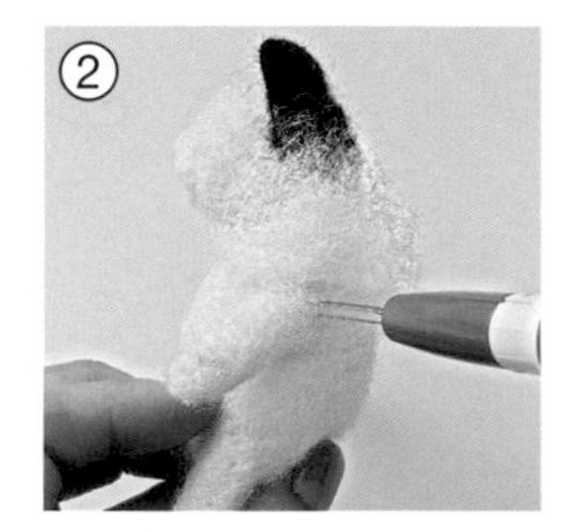

在根部包上薄薄的片狀羊毛後戳刺氈化，把接縫隱藏起來。

植毛的方法

把想要植入的羊毛剪成3～4cm長。

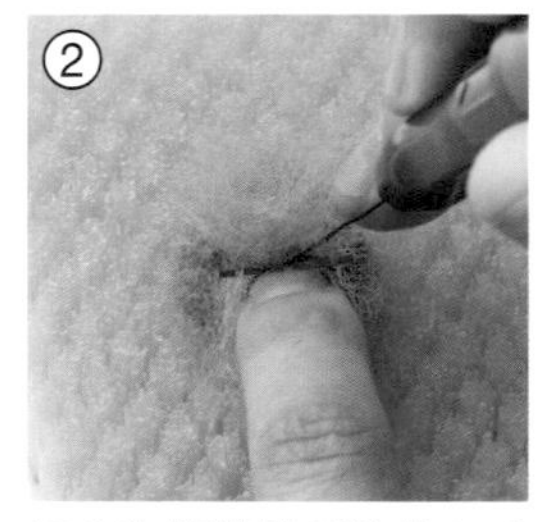

把作為基體的部件放在毛刷墊上，取少量的①放上，在中心線的位置戳刺固定。

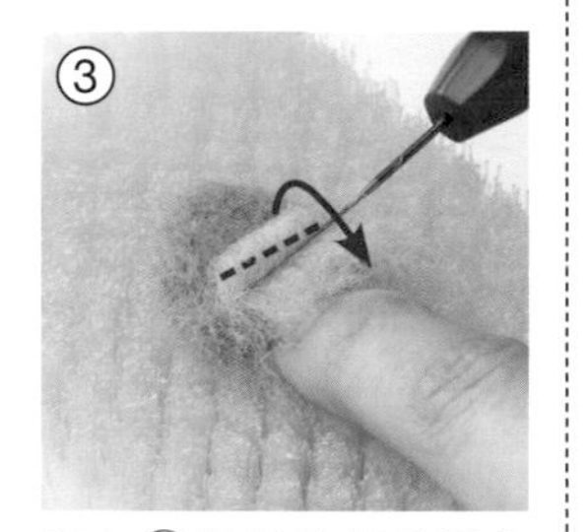

把在②戳好的部分折向一側，並在折起來的羊毛上戳刺幾下加以固定。

加肉

製作厚實的羊毛片，貼上去戳刺氈化。如果想要做出胖嘟嘟的效果，可隨喜好多貼幾片上去。

戳上斑塊

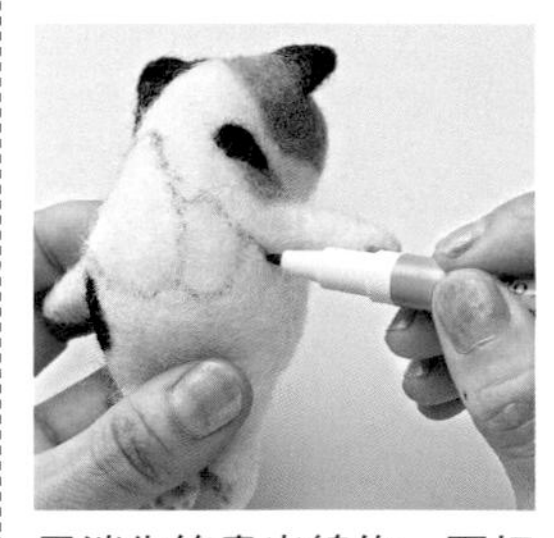

用消失筆畫出線條，再把斑塊戳刺上去。

三色貓型（葫蘆形軀幹＋長腳）製作流程

製作軀幹基體

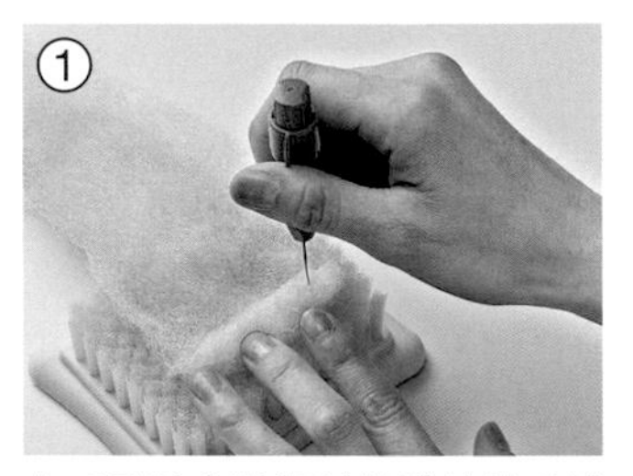

在毛刷墊上將軀幹基體的羊毛鋪成薄薄的長帶狀。把起點處稍微戳刺氈化。

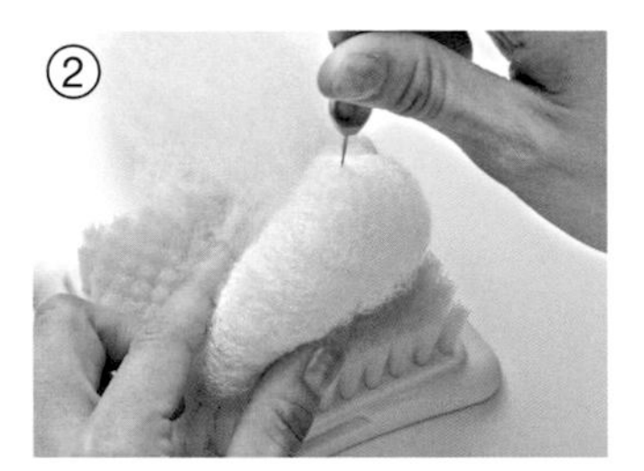

邊捲起羊毛邊輕輕戳刺，並在需要加粗的部位捲上較多的羊毛。

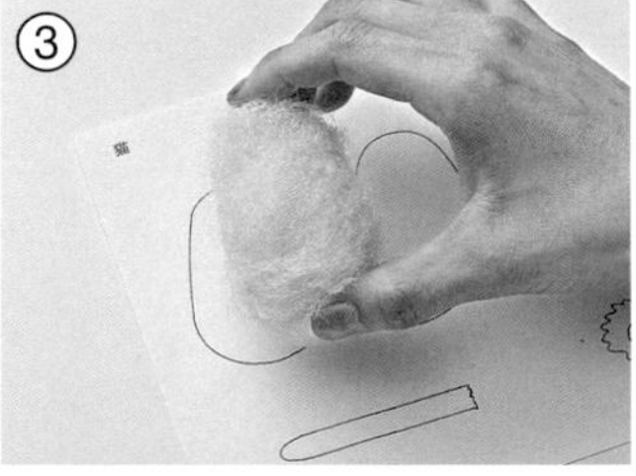

放在紙型上確認尺寸。

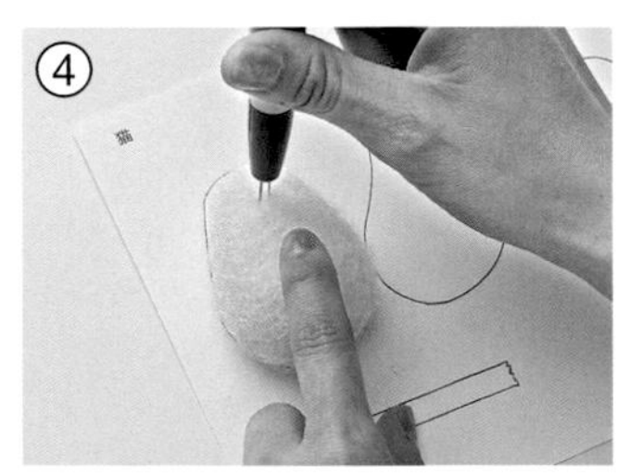

配合紙型輕輕戳刺以調整尺寸。

製作頭部

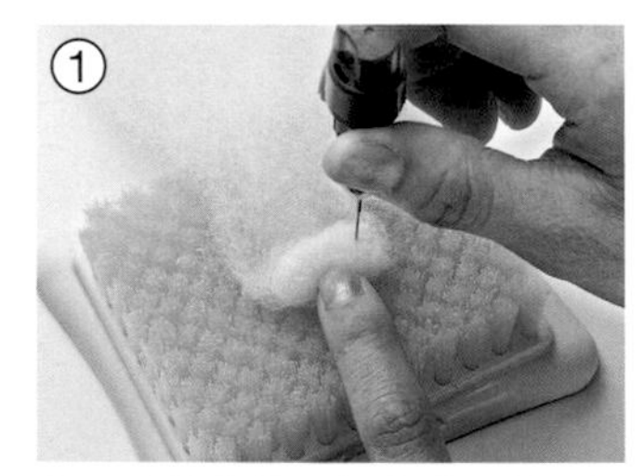

在毛刷墊上將頭部基體的羊毛鋪成薄薄的長帶狀。把起點處稍微戳刺氈化。

配合紙型調整形狀

Point

依照上唇→下顎→鼻子→額頭的加肉順序戳刺

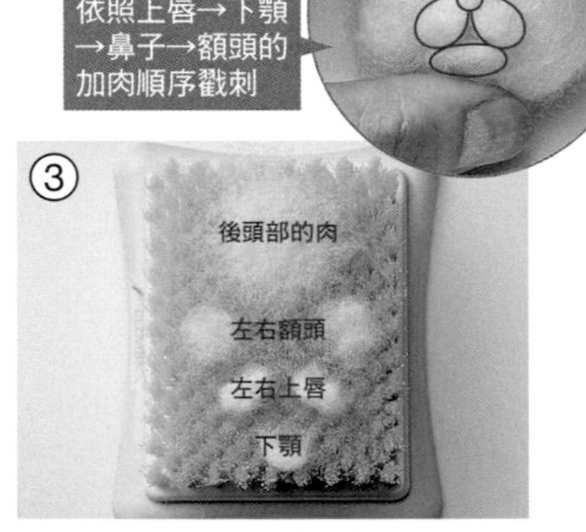

在毛刷墊上製作臉的部件、加肉用的部件，並戳刺固定在②的上面。

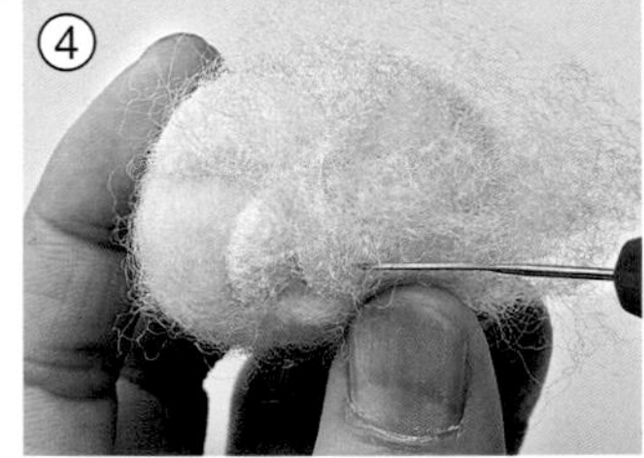

在③的上面覆蓋一層薄薄的片狀羊毛，把部件的接縫修飾平整。

把用透明文件夾（或厚紙板）做出的模型插在毛刷墊上，製作耳朵。

配合紙型調整成耳朵的形狀。

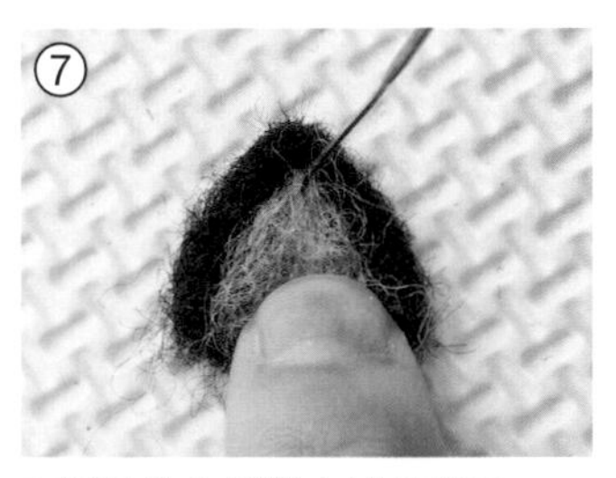

在耳朵的內側戳上桃色羊毛。

把接合用的薄片羊毛戳在⑦的根部，將耳朵安裝上去。

製作手腳

Point

詳細作法參照P.28「小部件的戳刺方法」①

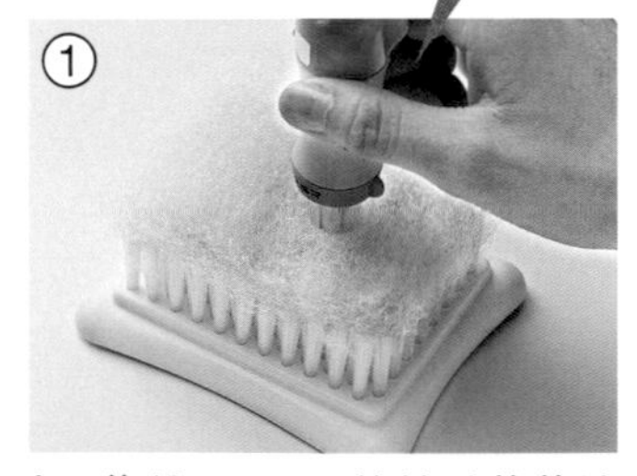

把2隻份（約1g）的羊毛薄薄地重疊在毛刷墊上。用5支戳針戳刺氈化成片狀。

把①捲起來戳刺固定。兩端修整成圓球狀。

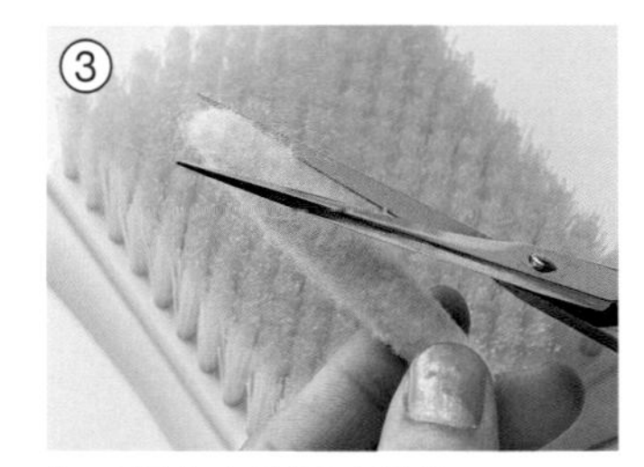

把毛躁突出的細毛剪掉。

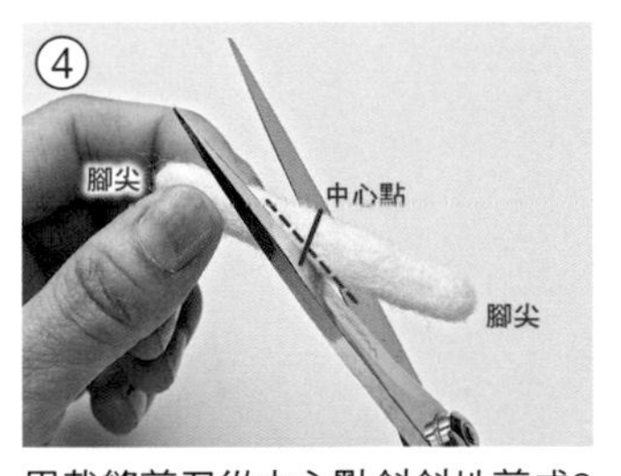

用裁縫剪刀從中心點斜斜地剪成2等分。再次重複①～④的流程，做出手2隻＋腳2隻＝共4隻。

製作手腳（接上頁）

製作接合用的薄片。

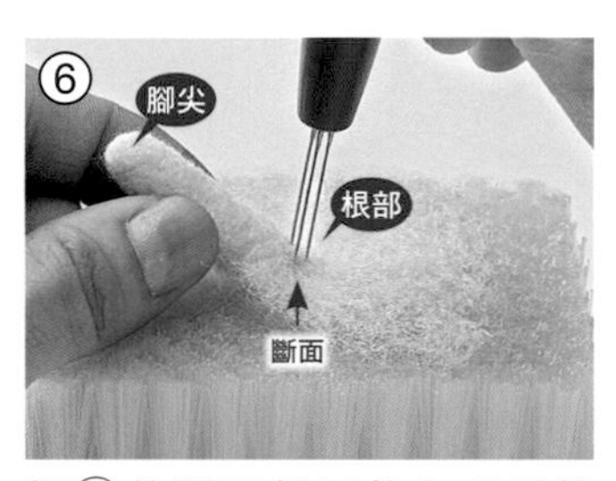

把④的斷面朝下放在毛刷墊上，將⑤戳刺接合在根部。

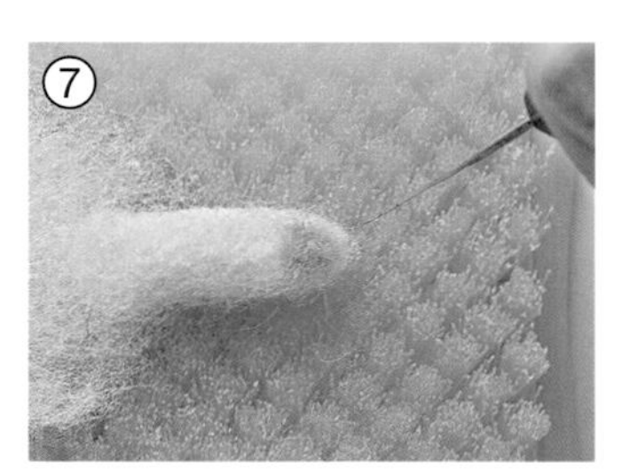

把大肉球用的羊毛以指腹搓圓，戳刺固定在⑥的腳尖上。

小肉球是先把羊毛捻成線狀，再用快速針戳刺上去。多餘的羊毛用剪刀剪掉。重複這個步驟4次。

製作尾巴

Point

照片是為了說明而使用藍色毛根，實際上用的是黑色毛根

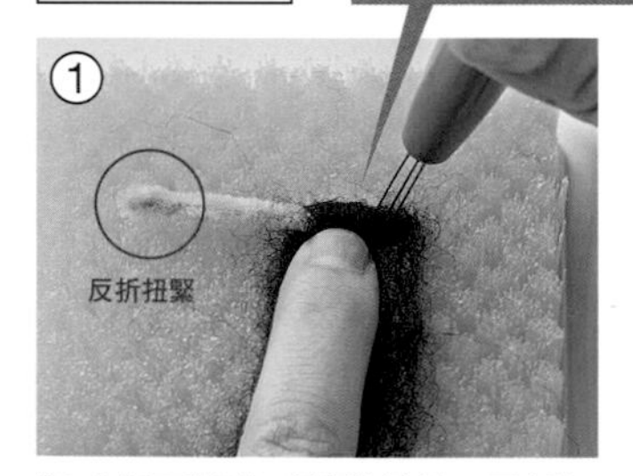

把毛根兩端的毛稍微剪掉，反折扭緊，調整成3.5cm長。捲上羊毛。

Point

戳到毛根的鐵絲可能會讓戳針折斷，要小心

仔細戳刺氈化，不要讓毛根從兩端冒出。

連接部件

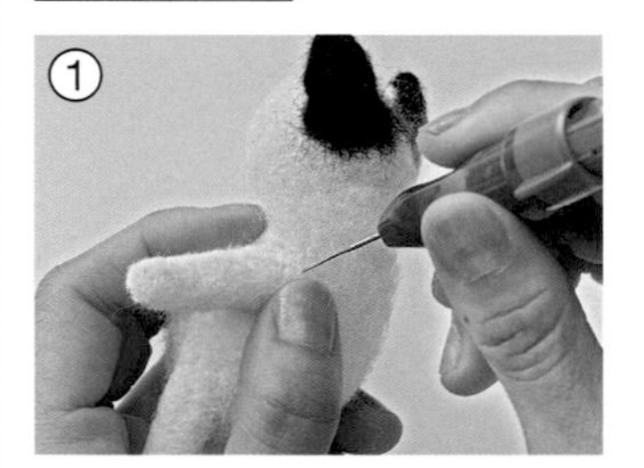

把頭和軀幹戳刺接合。手腳的部分要像照片一樣牢牢壓緊並戳刺接合。

在①的接縫處覆蓋薄片狀的羊毛，把表面修飾平整。

加肉

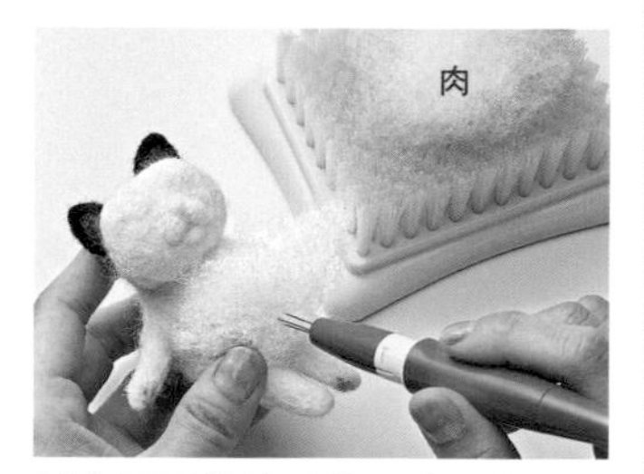

製作厚厚的羊毛片，貼合上去。如果想要做出胖嘟嘟的效果，可隨喜好多貼幾片上去。

戳上斑塊

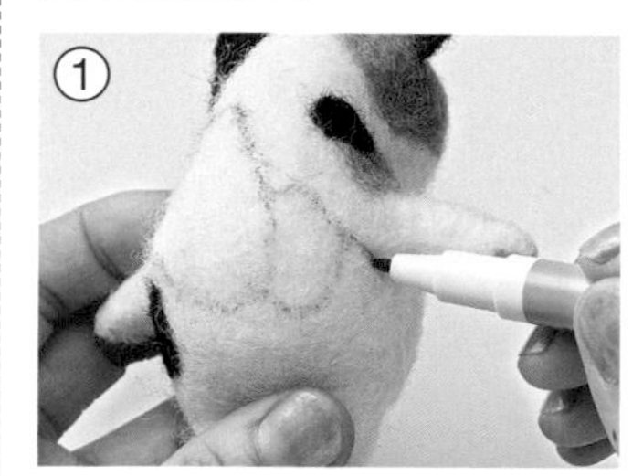

①用消失筆畫出斑塊的位置。

②在消失筆的線條內側，把斑塊從正中央往輪廓的方向戳刺上去。超出範圍的羊毛用剪刀剪掉。

製作舌頭

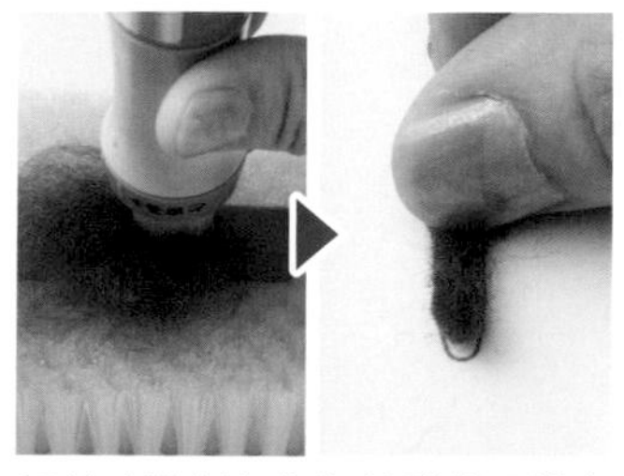

把羊毛戳刺在作為基體的不織布上，依照紙型裁剪之後戳刺氈化。

製作表情

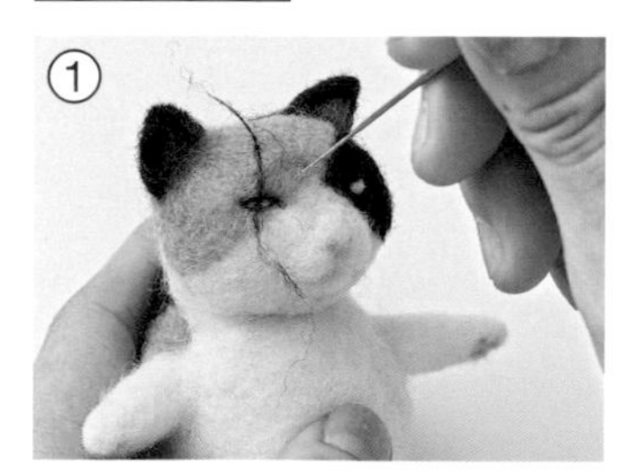

①鼻子、眼睛、眼線是先把少量的羊毛捻成線狀，再用快速針戳刺上去。多餘的羊毛用剪刀剪掉。

②用剪刀在嘴巴的位置剪出切口。

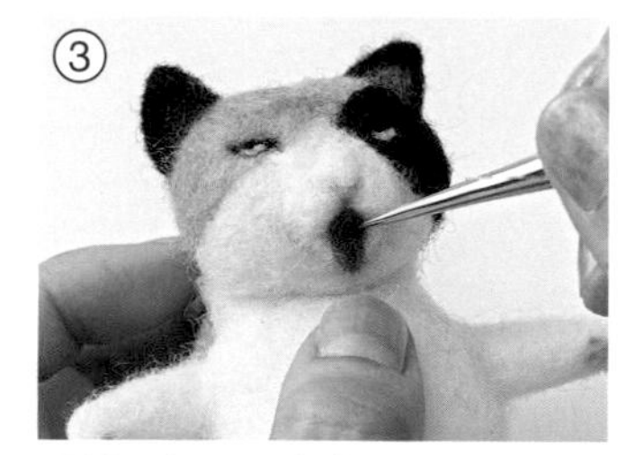

③用錐子把舌頭塞進去，以戳針戳刺固定。剪成適當的長度之後修整一下。

安裝鬍鬚

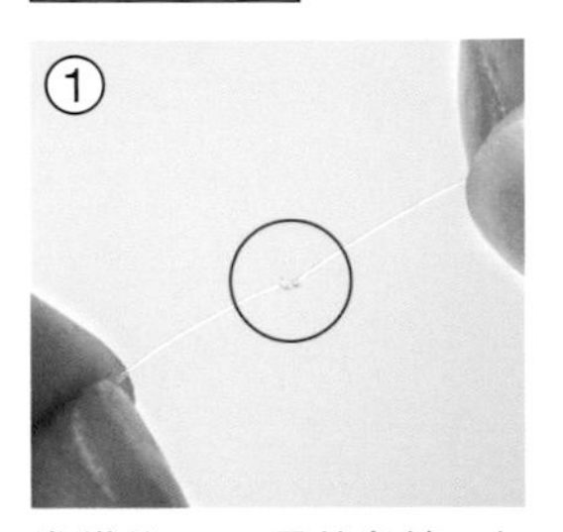

①

準備約30cm長的魚線，在距離尾端3cm處打一個結。

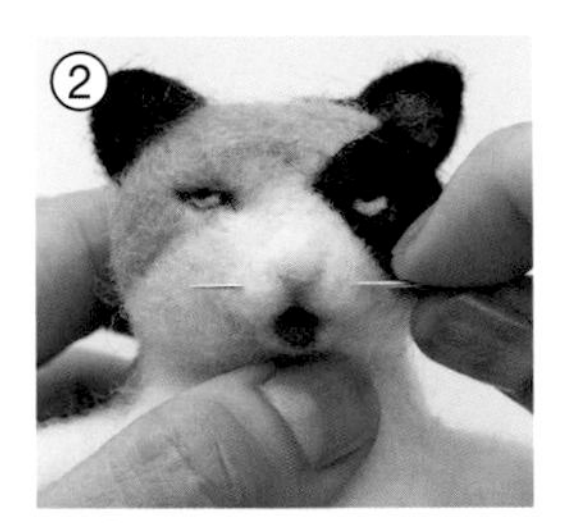

②

將①的魚線穿過針孔，從上唇穿過。

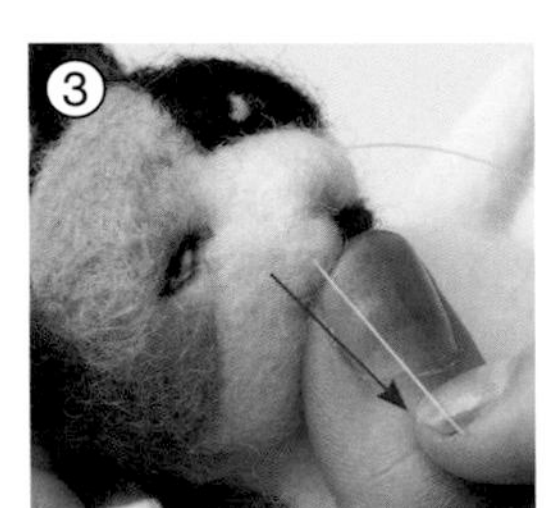

③

把魚線拉緊，直到線結卡住、拉不動了為止，再剪成適當的長度。

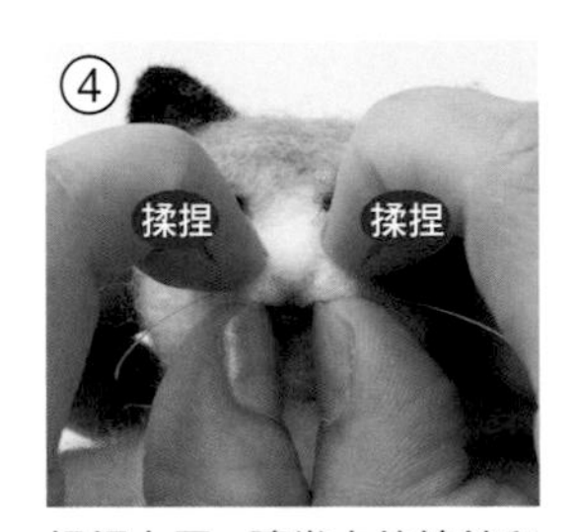

揉捏上唇，讓當中的線結和羊毛糾結在一起。重複①～④數次以製作出鬍鬚。

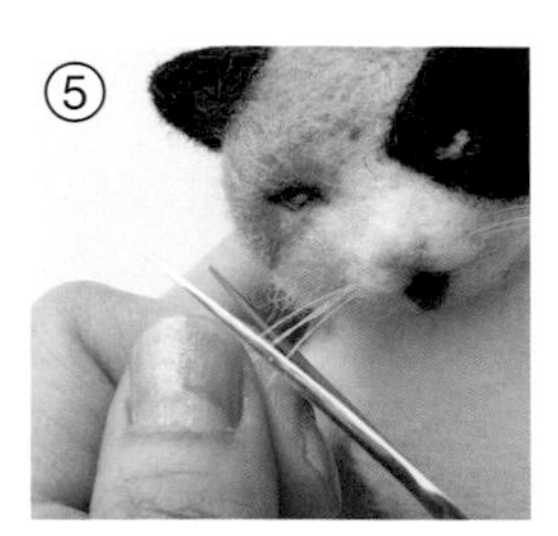

⑤

鬍鬚的長度可依喜好調整。

安裝尾巴、鈴鐺

①

把尾巴戳刺接合在身體上。

②

多餘的羊毛用剪刀剪掉。

Point

彎曲毛根，做出生動的造型

③

在接縫處覆蓋薄片狀的羊毛，把表面修飾平整。

Point

讓玩偶坐在有點高度的地方以作為擺飾

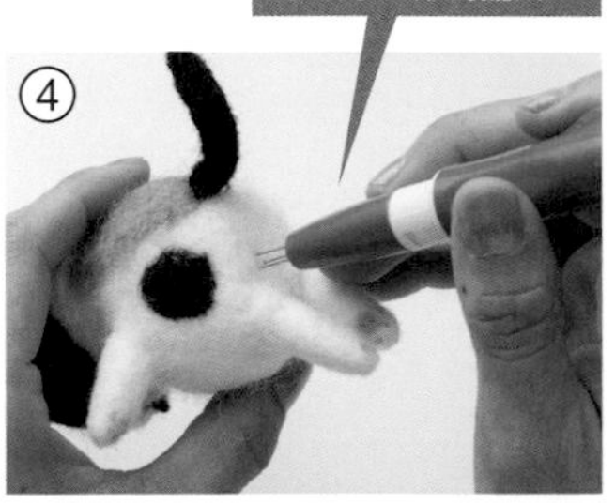

④

把屁股部分戳刺氈化成平坦狀，讓玩偶可以維持坐姿。將緞帶穿過鈴鐺，在脖子後面打結固定就完成了。

無尾熊型（橢圓形軀幹＋扁腳）製作流程

製作軀幹基體

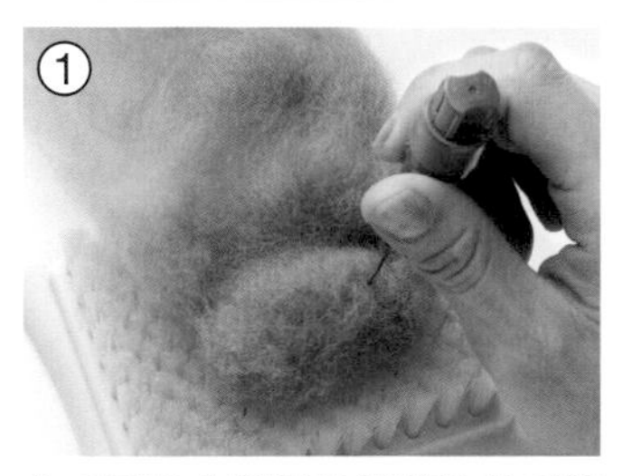

在毛刷墊上將軀幹基體的羊毛鋪成薄薄的長帶狀。把起點處稍微戳刺氈化。

邊捲起羊毛邊輕輕戳刺。戳刺時要順便把從側面擠出的羊毛戳進去，調整形狀。

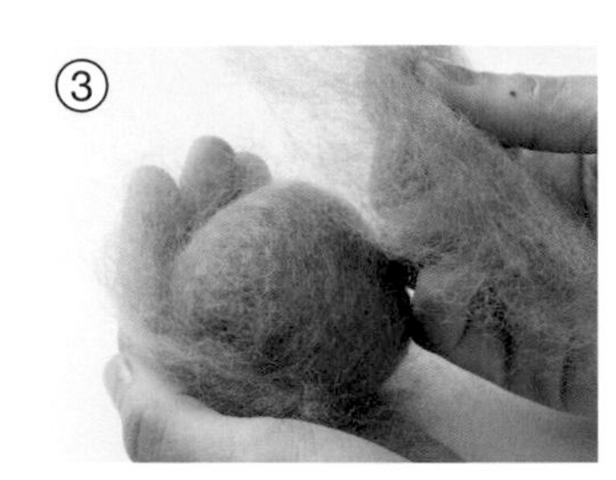

大致成形之後，像包飯糰般用薄片狀的羊毛包起來。

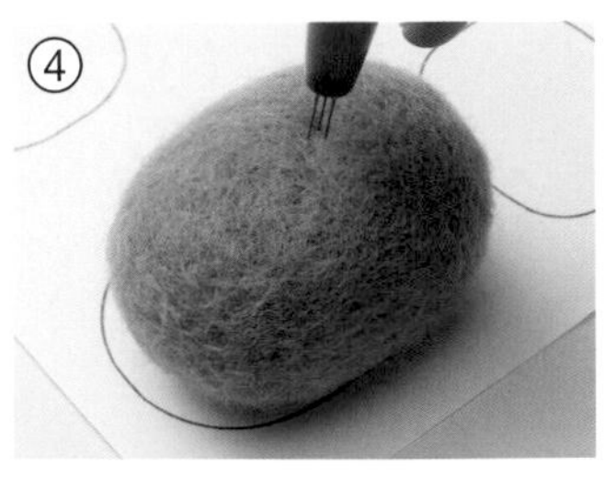

配合紙型調整形狀，並將表面修整美觀。

製作頭部基體

在毛刷墊上將頭部基體的羊毛鋪成薄薄的長帶狀。把起點處稍微戳刺氈化。

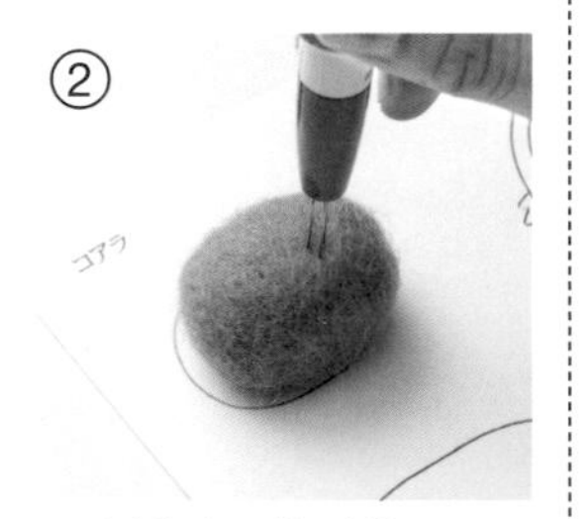

配合紙型調整形狀。

製作耳朵

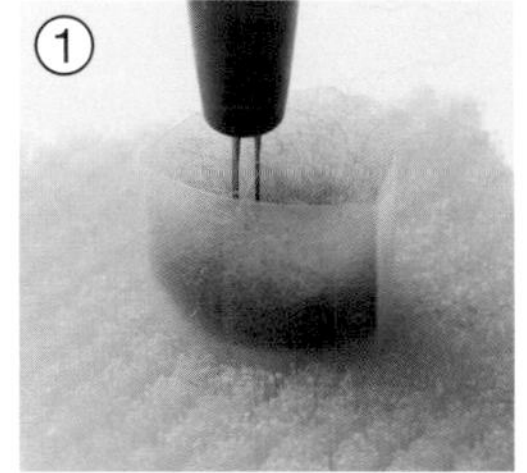

把用透明文件夾（或厚紙板）做出的模型插在毛刷墊上，製作耳朵。

配合紙型戳刺以修整成耳朵的形狀。

Point

用剪刀剪掉多餘的羊毛之後，用錐子調整形狀

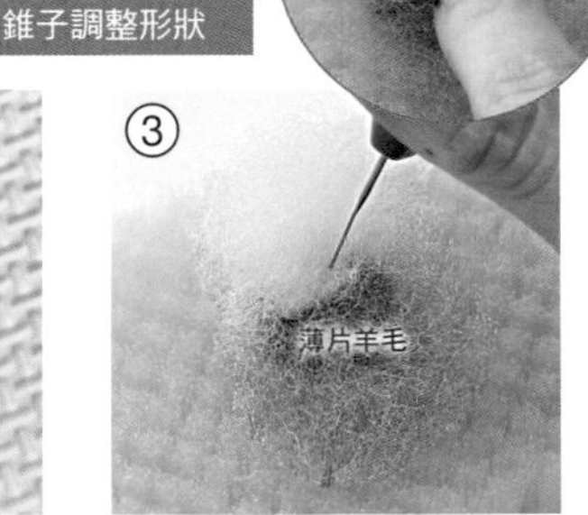

在根部戳上接合用的薄片羊毛，在耳朵的內側植毛。

製作手腳

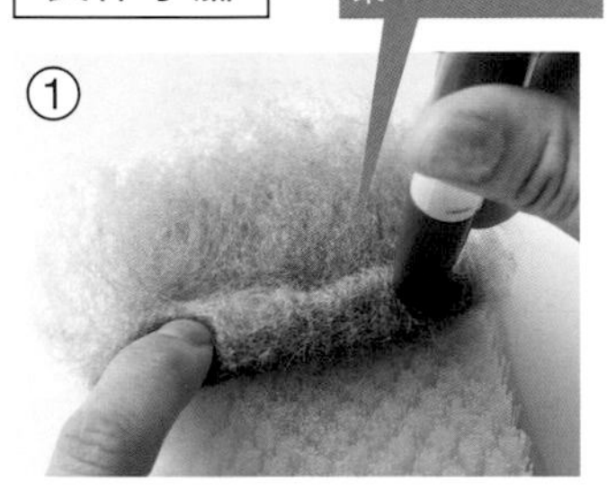

參照P.31「製作手腳」來製作。

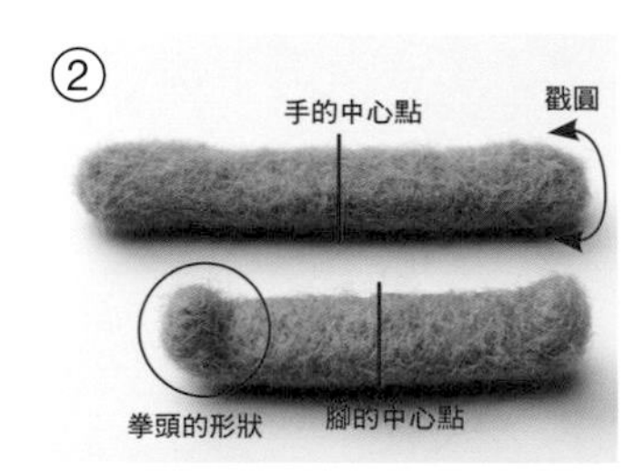

把腳的兩端彎向內側，修整成拳頭的形狀。

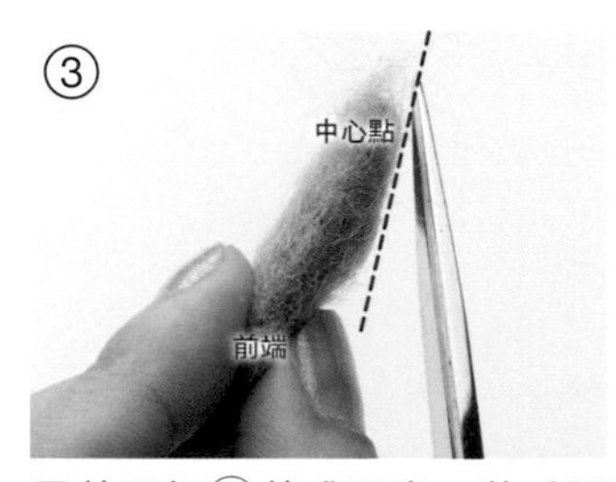

用剪刀把②剪成兩半，將手腳和身體的接觸面修成斜面，以便貼合身體。

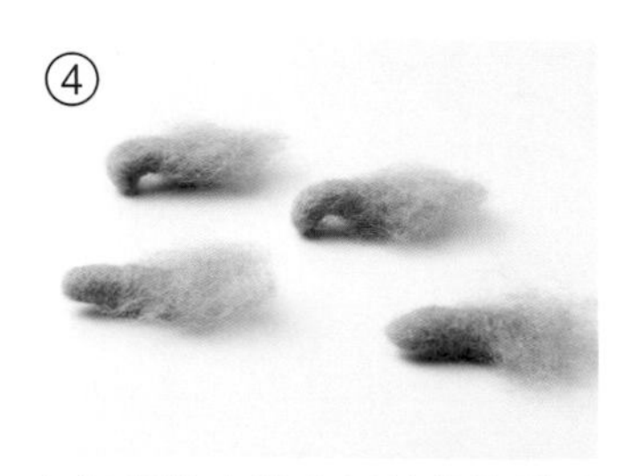

在根部戳上接合用的薄片羊毛（參照P.32「製作手腳」⑥）。

把頭部和軀幹接合

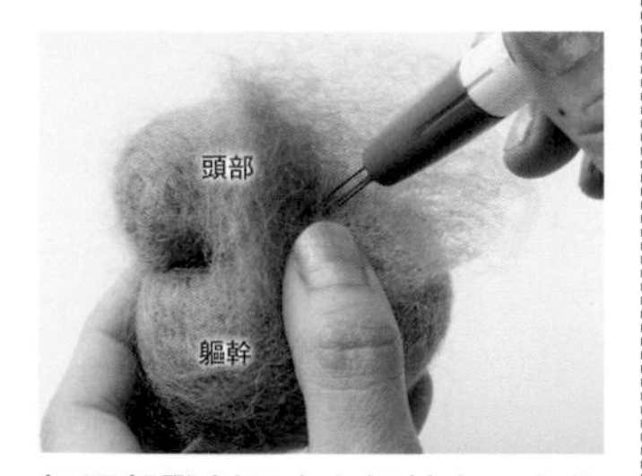

把頭部戳刺固定在軀幹上，在後頭部到背部的位置加肉，並在脖子周圍覆蓋薄片羊毛修飾平整。

製作肚子

Point 邊緣要邊戳邊捲入內側

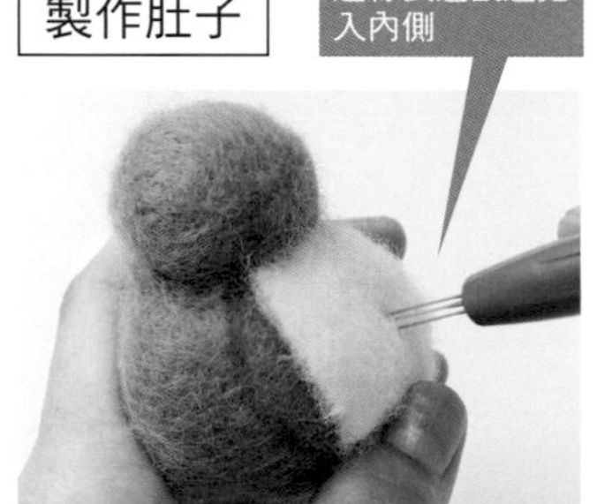

用消失筆畫出肚子的輪廓。在線條內側，從正中央往輪廓的方向戳上羊毛。

在臉部加肉

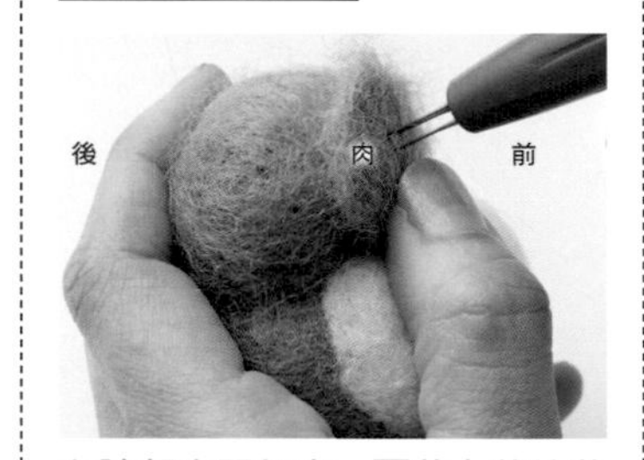

在臉部中間加肉。覆蓋上薄片狀的羊毛之後，把接縫修飾至平整光滑。

安裝手腳

Point 依照根部→接合用薄片部分→全身的順序戳刺

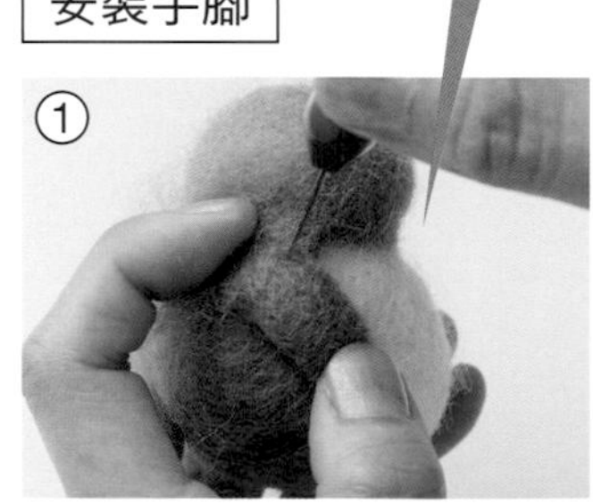

把手腳按壓貼合在身體上，戳刺接合。

Point

手腳都安裝好之後，把底部戳刺氈化成平坦狀，讓玩偶能夠穩定擺放

②

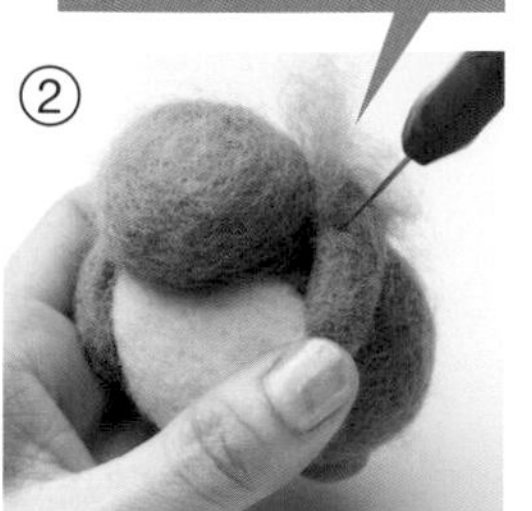

製作薄片羊毛，覆蓋在接縫上加以修飾。

在屁股加肉

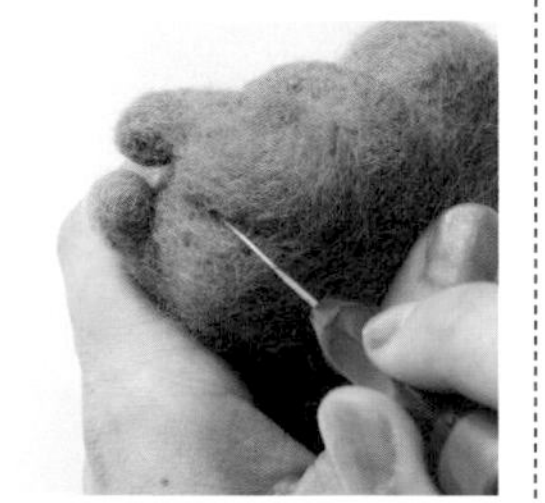

在背面重複戳上數層加肉用的薄片羊毛。屁股要做得飽滿有肉一點。

安裝耳朵

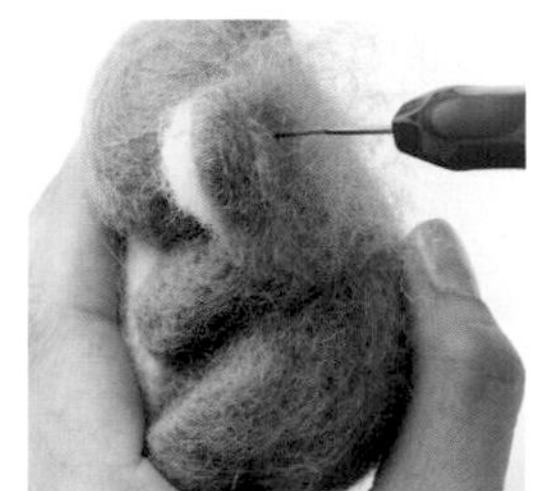

把耳朵戳刺接合。在後頭部重複地戳上數層加肉用的薄片羊毛，做出圓弧的頭型。

製作表情

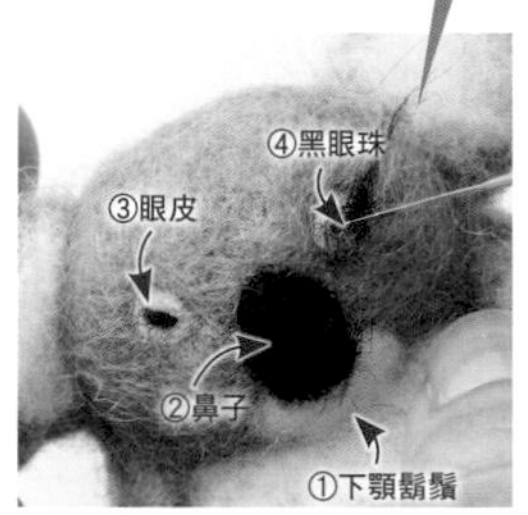

①白色下顎鬍鬚、②黑色鼻子、③膚色眼皮、④黑眼珠是先將少量的羊毛搓成球狀或捻成線狀，再用快速針戳刺固定。

戳出手指的線條

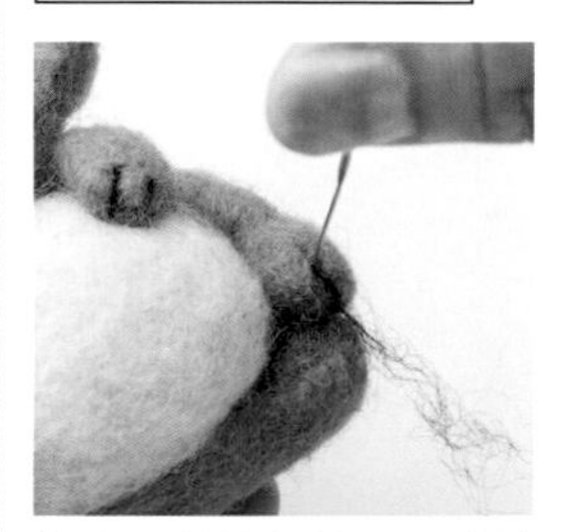

把少量的黑色羊毛捻成線狀，用快速針戳出手指的線條。多餘的羊毛用剪刀剪掉。

假髮的作法

Point

從上方插入絲針加以固定，但要小心別讓針頭突出表面（註）

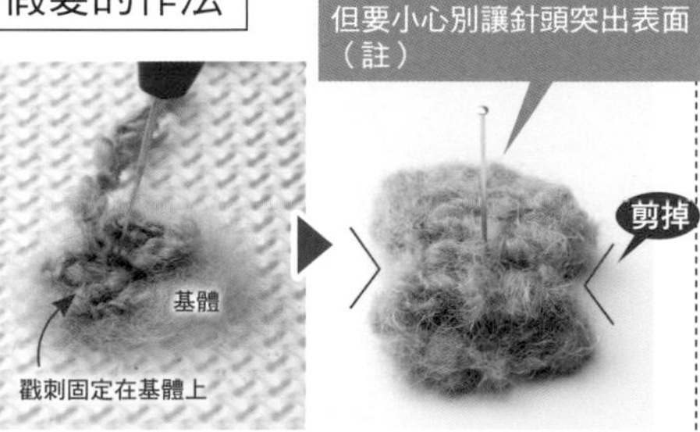

依照紙型用薄片羊毛製作基體，戳上捲曲羊毛。碰到耳朵的部分要剪掉。

睫毛的作法

Point

先用戳針在上眼皮的邊緣戳幾下讓絨毛不豎立起來，黏貼時會更牢固

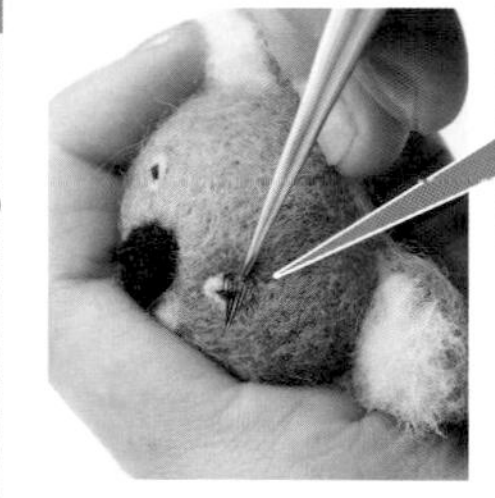

把睫毛塗上極少量的快乾膠，黏貼在上眼皮的邊緣，再用錐子在根部按壓一下。

帽子的作法

Point

從正中央插入絲針固定在本體上，然後在針頭處戳上小球遮蓋起來

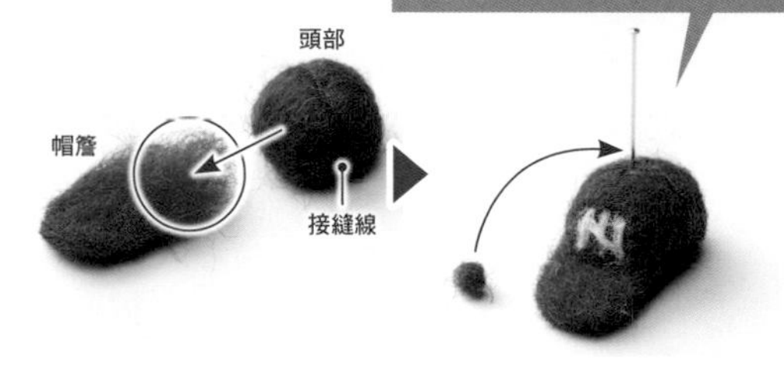

將頭部戳刺氈化成半球狀，把少量羊毛捻成線狀，戳上接縫線的線條。放在帽簷上面，戳刺固定。把少量的白色羊毛捻成線狀，戳上標誌。

（註）小配件為了方便拆裝而用絲針固定。只限觀賞用的作品使用，處理時要非常小心，同時要避免幼童或寵物誤食。

馬來熊型（圓形軀幹＋圓腳）製作流程

製作軀幹基體

①

在毛刷墊上將軀幹基體的羊毛鋪成薄薄的長帶狀。把起點處稍微戳刺氈化。

②

大致成形之後，像包飯糰般用薄片狀的羊毛包起來，配合紙型調整形狀並修整表面。

製作頭部基體

①

在毛刷墊上將頭部基體的羊毛鋪成薄薄的長帶狀。把起點處稍微戳刺氈化。

②

配合紙型調整形狀。

製作圓腳

把羊毛戳刺固定成球狀，根部先不要戳，保持蓬鬆狀態。

製作扁手

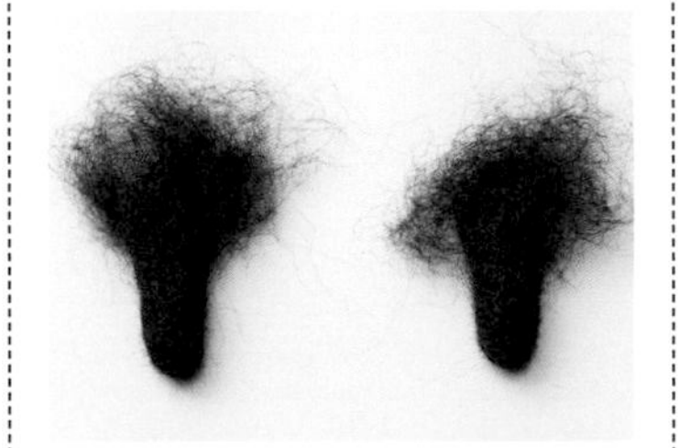

參照P.36「製作手腳」來製作。

製作耳朵

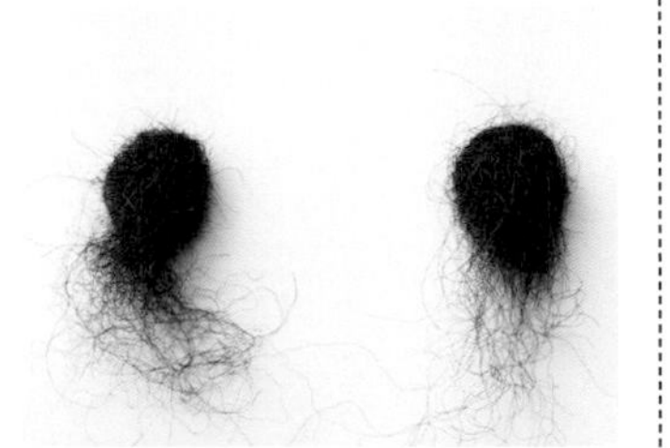

配合紙型戳刺氈化。根部先不要戳，保持蓬鬆狀態。

把頭和軀幹接合

把頭和軀幹連接起來，在脖子周圍覆蓋薄片羊毛，把接合面修飾至平整光滑。

在臉部上色

把少量的膚色羊毛捻成線狀，用快速針戳上輪廓線。多餘的羊毛用剪刀剪掉。

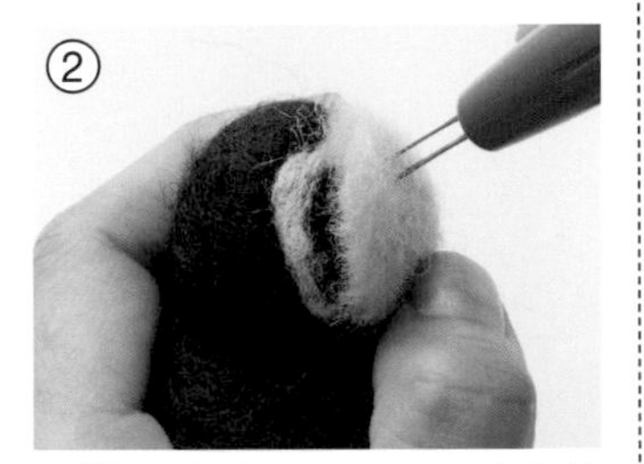

在①的線條內側，從正中央往輪廓的方向戳上羊毛。邊緣要邊戳邊捲入內側。

在臉部和頭部加肉

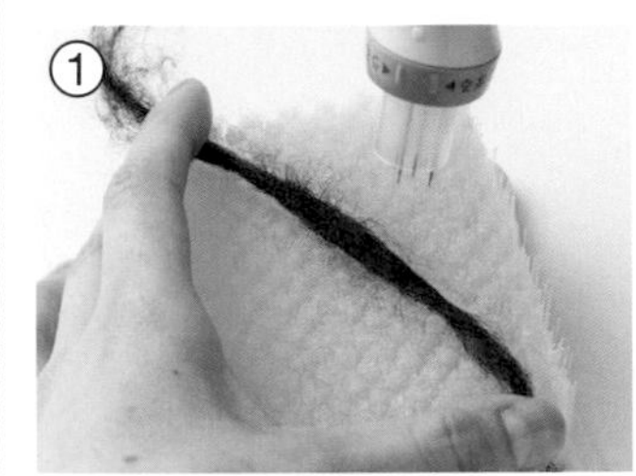

把黑色羊毛捻成線狀，輕輕戳刺氈化，製作輪廓部件。

Point

邊緣要隆起（參照P.43「製作頭部」②）

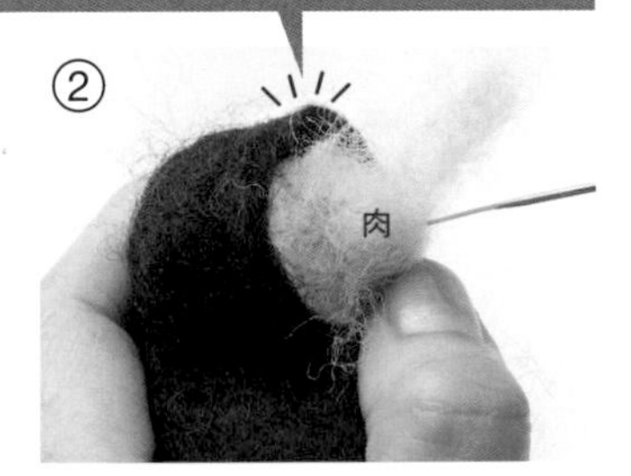

輪廓要有隆起的感覺，以臉為中心在周圍戳上一圈。在臉部中間用膚色羊毛加肉。

安裝鼻子

把鼻子用的羊毛以指腹搓圓，戳刺固定在臉上。

安裝下顎

依照紙型製作下顎，戳刺固定在臉上。

在嘴角戳出陰影

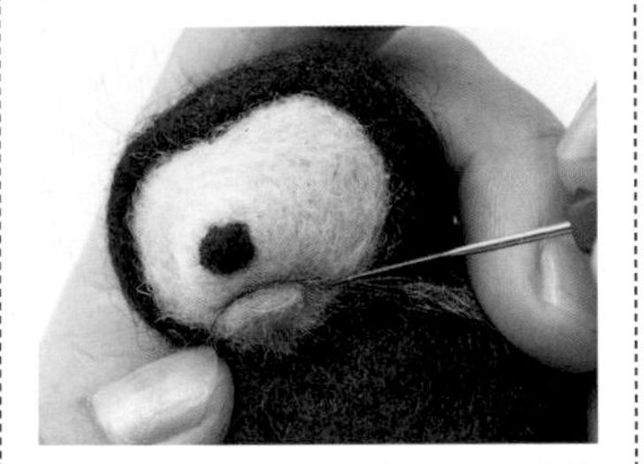

把黑色和桃色混合的羊毛捻成線狀，用快速針戳上陰影。多餘的羊毛用剪刀剪掉。

安裝耳朵

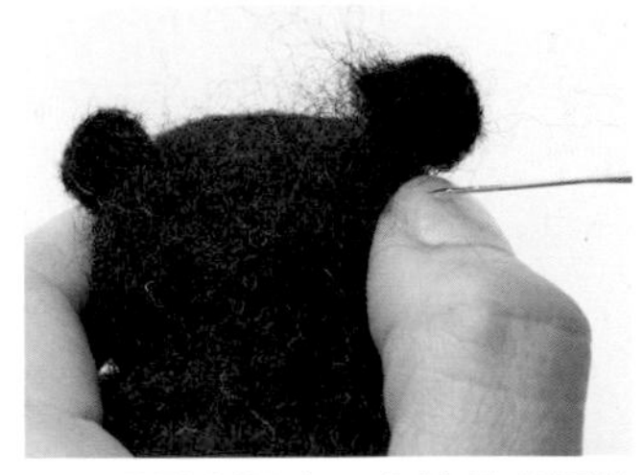

把耳朵戳刺接合，在接縫處覆蓋薄片狀的羊毛，把表面修飾至平整光滑。

安裝眼睛

①把眼睛下方黑眼圈用的羊毛以指腹搓圓，戳刺固定在臉上。

Point

斑塊要從正中央往輪廓的方向戳。邊緣要邊戳邊捲入內側

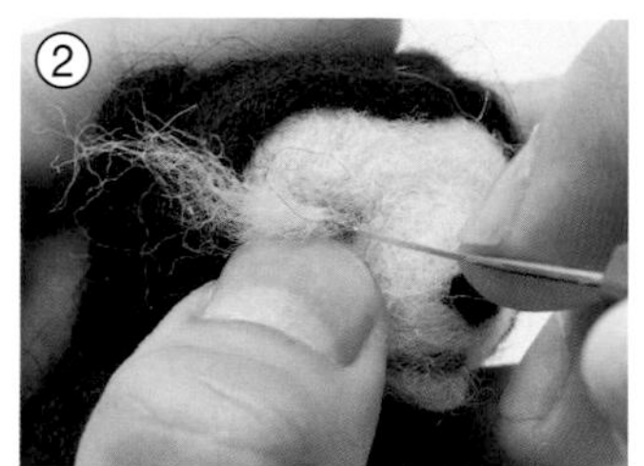

②眼白是先把少量的羊毛捻成線狀，再用快速針戳刺上去。多餘的羊毛用剪刀剪掉。

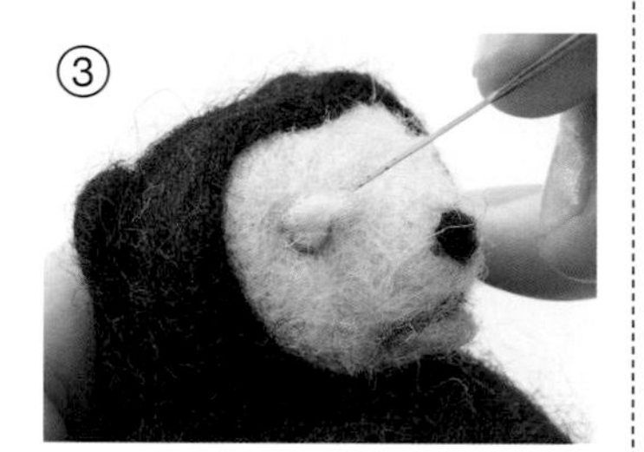

③把眼皮用的羊毛以指腹搓圓，戳刺固定在眼皮的位置。

戳上眼線、瞳孔、眉毛

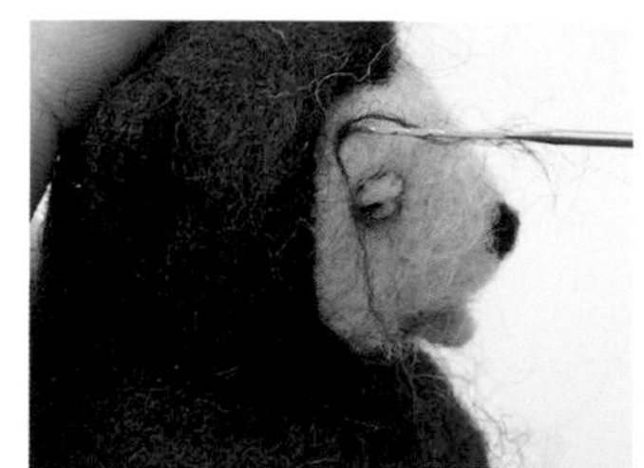

把黑色羊毛捻成線狀，用快速針戳刺。多餘的羊毛用剪刀剪掉。依照眼線→瞳孔→眉毛的順序進行作業。

戳上胸前的斑塊

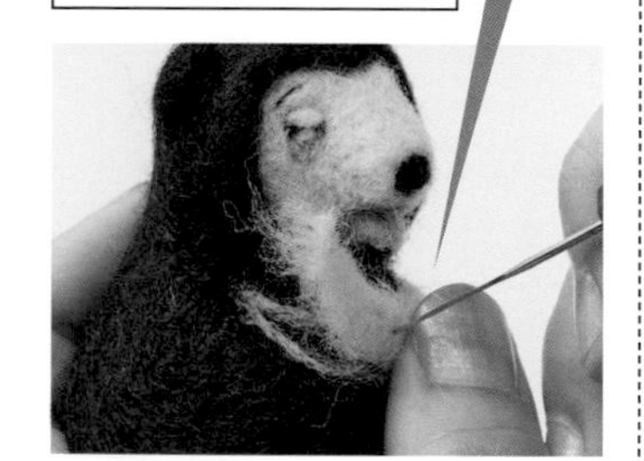

把膚色羊毛捻成線狀，用快速針戳出新月形的輪廓線。在線條內側戳上斑塊。

安裝手腳

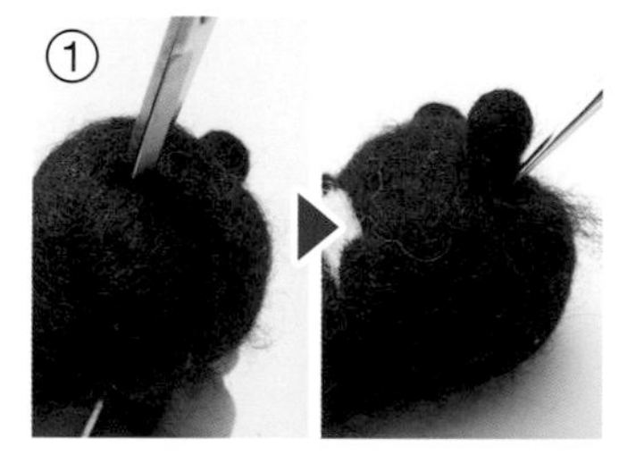

①和P.36一樣把手接合上去。腳是先用剪刀在軀幹上剪出切口，再把蓬鬆的部分塞進去戳刺固定。

②在背部戳上厚片羊毛，並在手的接縫處覆蓋薄薄的羊毛，修飾至平整光滑。

安裝舌頭

和P.33一樣製作舌頭，用錐子把舌頭塞進去，以戳針戳刺固定。

貓頭鷹型（筒形軀幹＋鳥腳）製作流程

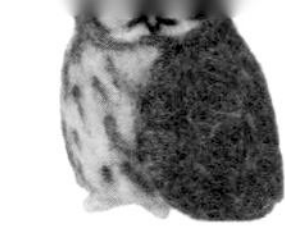

製作軀幹基體

①把軀幹基體的羊毛鋪成薄薄的長帶狀，用竹籤捲起來。

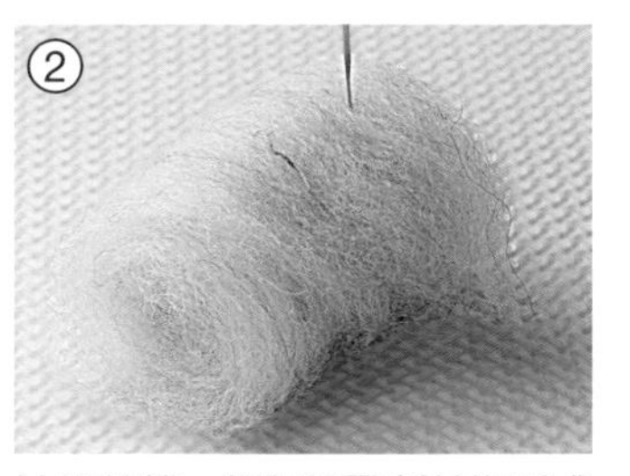

②抽掉竹籤，輕輕地戳刺並塑形成筒狀。

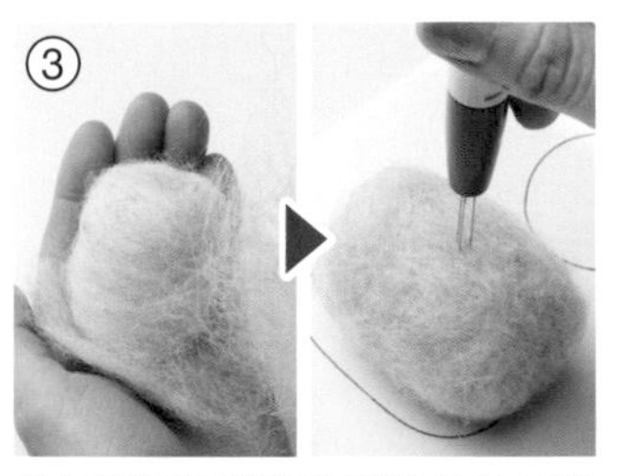

③像包飯糰般用薄片狀的羊毛包起來，配合紙型調整形狀。

製作頭部基體

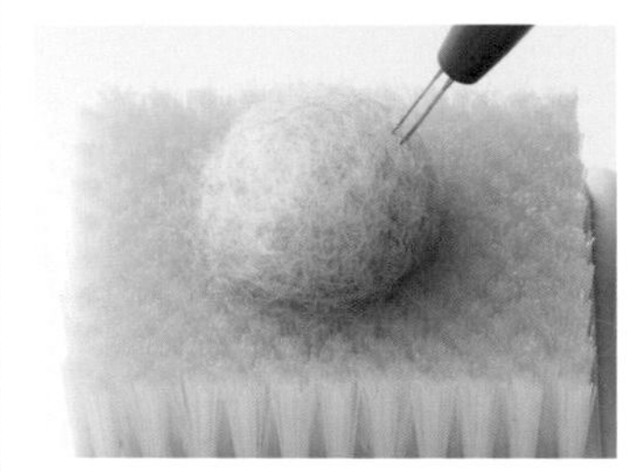

參照P.45，製作半球狀的頭。

製作尾巴

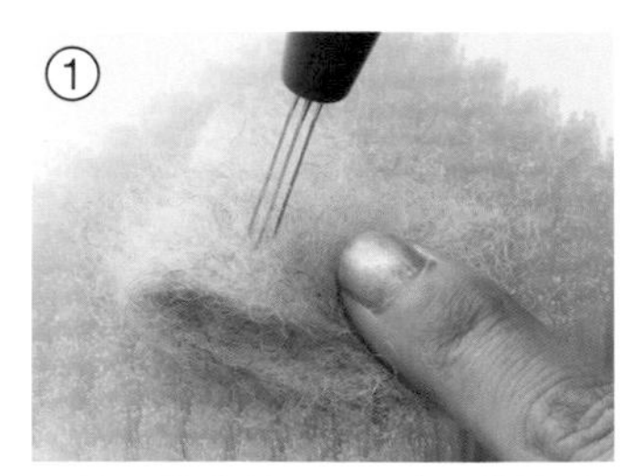

①把薄片狀的羊毛配合紙型折疊起來戳刺塑形。

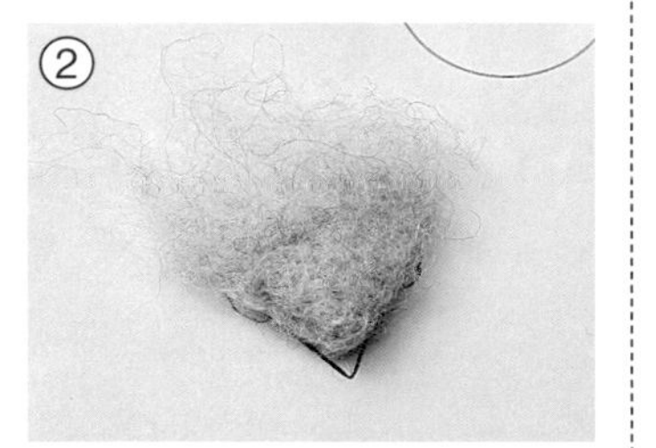

②尾巴完成圖。根部先不要戳，保持蓬鬆狀態。

製作翅膀

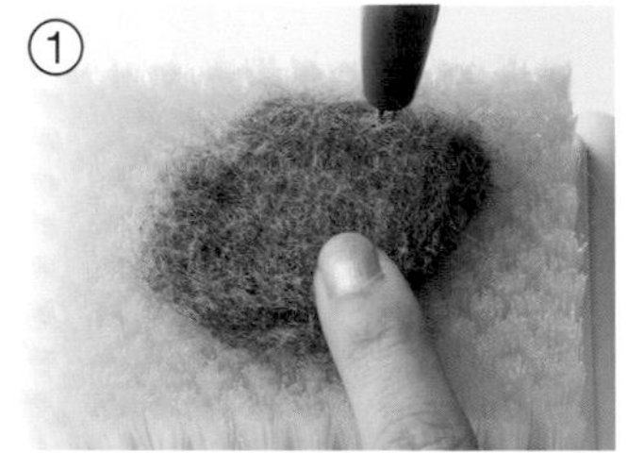

①參照P.45「製作翅膀」的①～②來製作。

②翅膀完成圖。

製作腳

①

參照P.28「小部件的戳刺方法」①～②，製作厚一點的羊毛片。

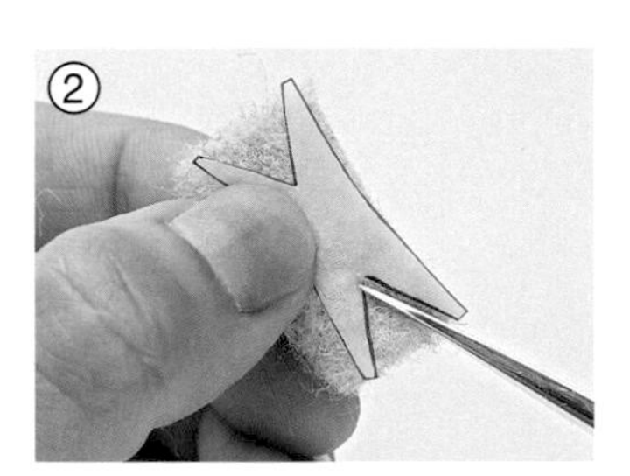

②

用描圖紙描繪出紙型，剪下紙型。把紙型重疊在①上裁剪。

③

把白膠擠在沾了水的面紙上稍微稀釋。在②的趾尖處塗上足以滲入羊毛中的稀釋白膠。

④

白膠乾了之後把突出的羊毛剪掉，修飾形狀。

部件的組裝

Point

尾巴要從軀幹的底部戳刺接合

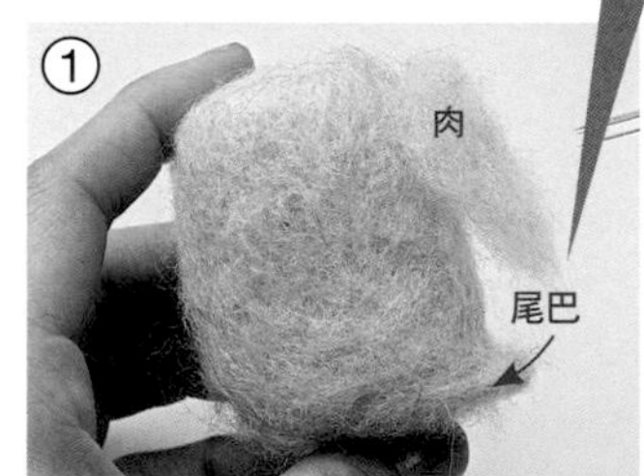

①

把尾巴戳刺接合，在背部到尾巴末端的位置加肉，修整成平滑的線條。

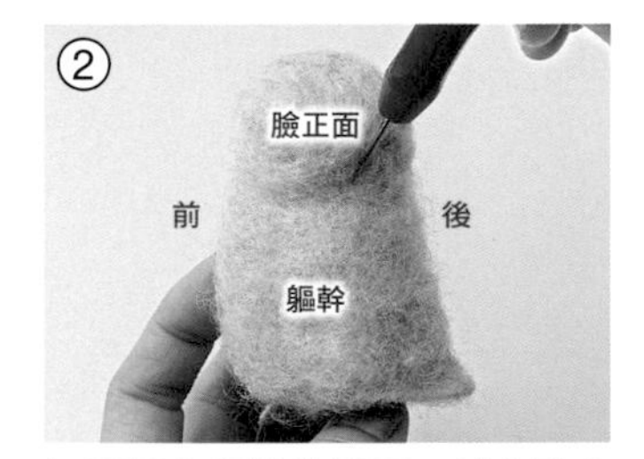

②

把頭轉向軀幹的側面，以有點向下俯視的感覺接合固定。

③

在尾巴末端戳上少許中間色，並在背後和腹部周圍加肉。

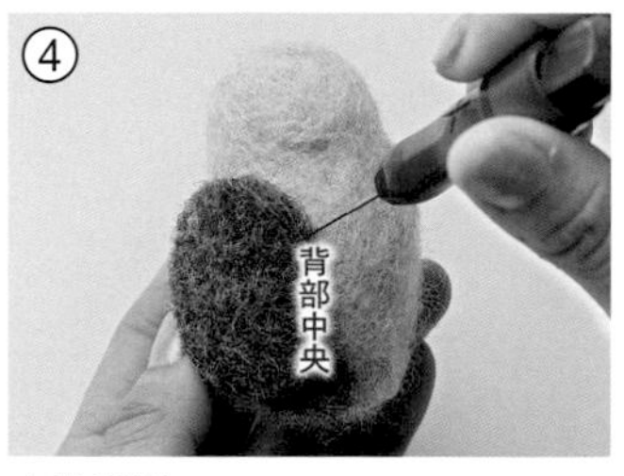

④

安裝翅膀。

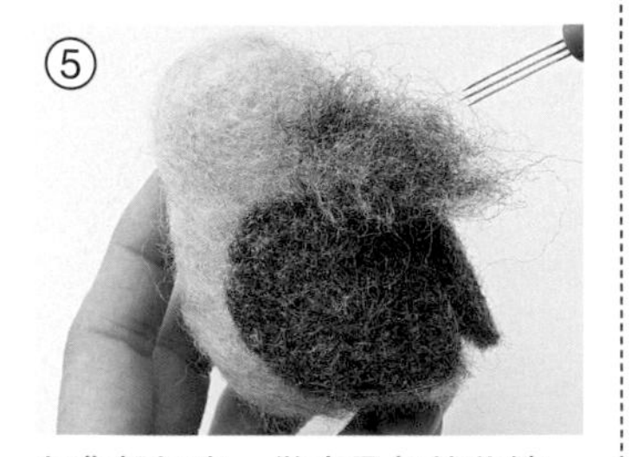

在背部加肉，做出弓起的曲線。

戳上腹部的斑點

以植毛的方式戳上腹部的斑點，多餘的羊毛用剪刀剪掉。

製作臉部

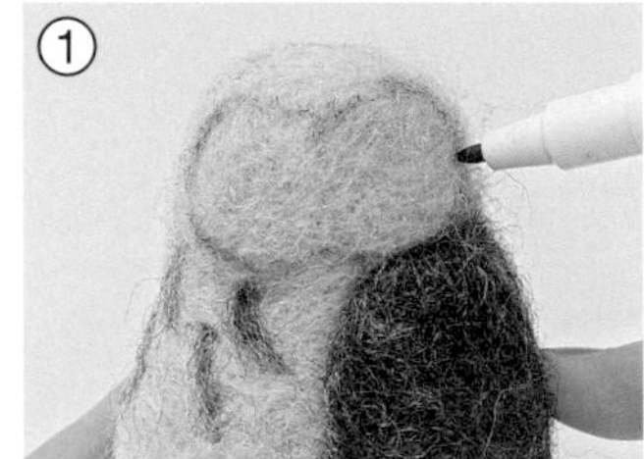

用消失筆畫出臉的輪廓線。

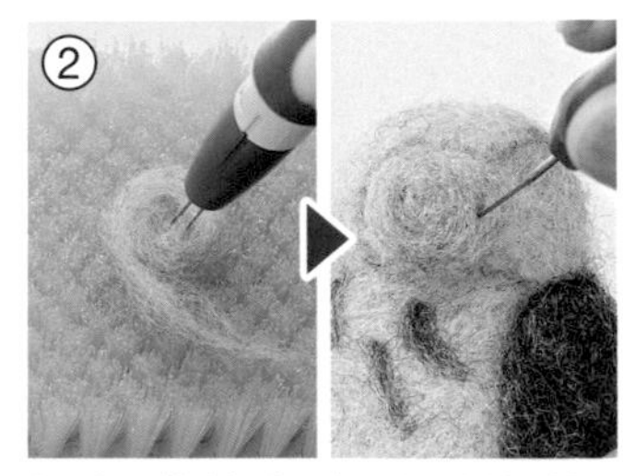

把羊毛像蚊香一樣繞成螺旋狀，戳刺固定成圓形薄片，製作2片。將圓片戳刺固定在輪廓線內側。

製作頭部

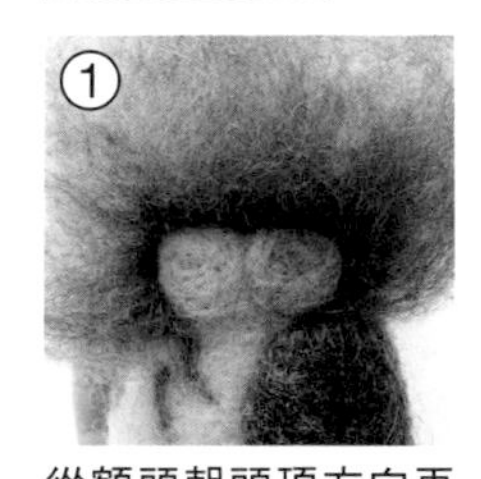

從額頭朝頭頂方向再到脖子後面，以往後梳齊方式戳上中間色。

※參照P.47「製作頭部周圍」②

Point 邊緣要隆起

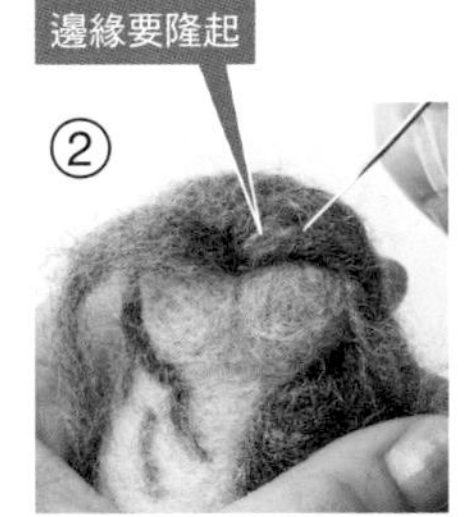

以輪廓隆起的感覺，從臉部中央往左右戳成一圈。

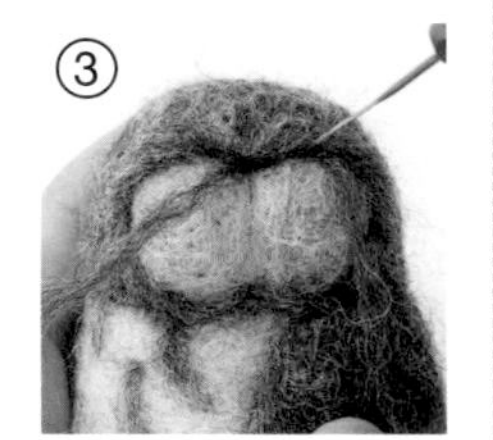

把深色羊毛捻成線狀，在臉的邊際戳上陰影。

製作表情

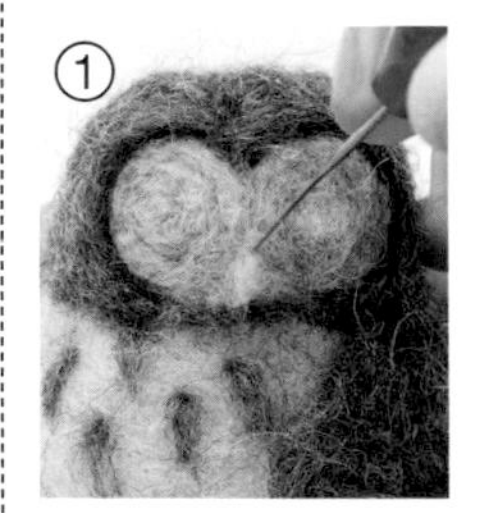

把嘴喙用的羊毛以指腹搓圓，戳刺固定在臉上。

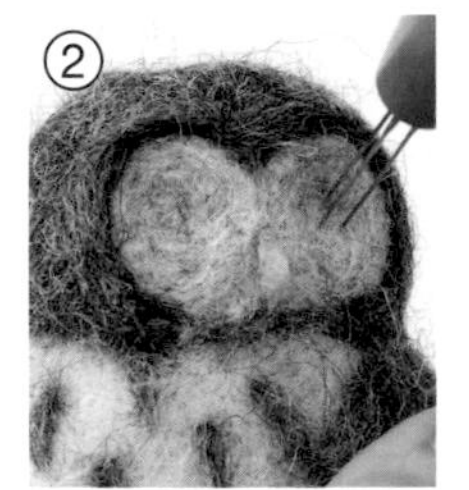

把眼周戳凹。

Point 修剪植毛時要一點一點地少量調節

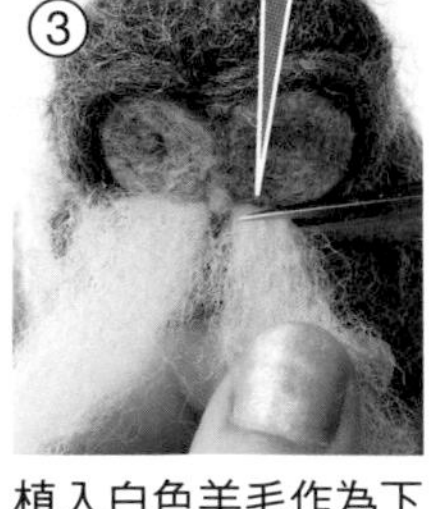

植入白色羊毛作為下顎鬍鬚，多餘的羊毛用剪刀一點一點地修剪掉。

製作表情（接上頁）

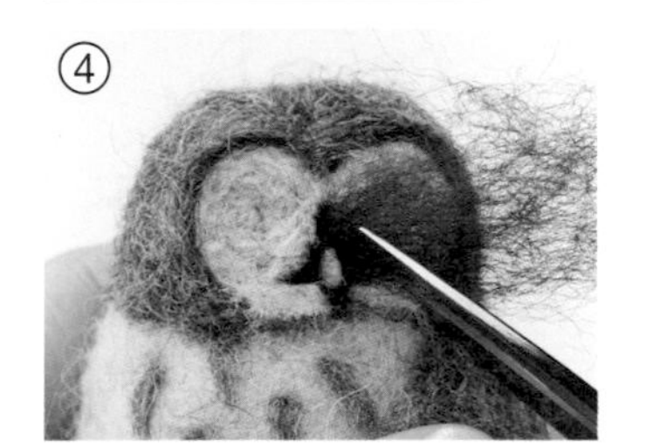

在嘴喙下方、眉間到左側的法令紋植入黑色羊毛，多餘的部分用剪刀剪掉。右側的法令紋也同樣進行植毛。

把眼睛基體用的黑色羊毛以指腹搓圓，戳刺在眼睛的位置。

把少量的嫩黃色羊毛捻成線狀，用快速針戳在眼睛上。多餘的羊毛用剪刀剪掉。

把眼皮用的白色羊毛以指腹搓圓，戳刺在眼皮的位置。

把少量的黑色羊毛捻成線狀，用快速針戳上瞳孔、眼線，把眼周強調出來。

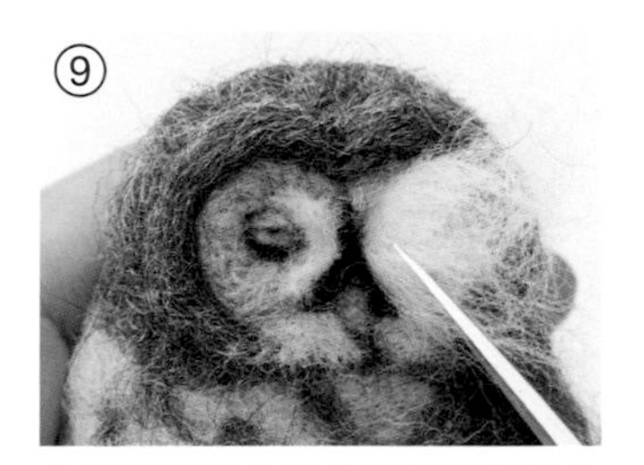

在眉間到法令紋的黑線邊際植入白色的羊毛。多餘的羊毛用剪刀剪掉。

在⑨的外側植入黑色羊毛，一點一點地修剪成想要的模樣。

安裝腳

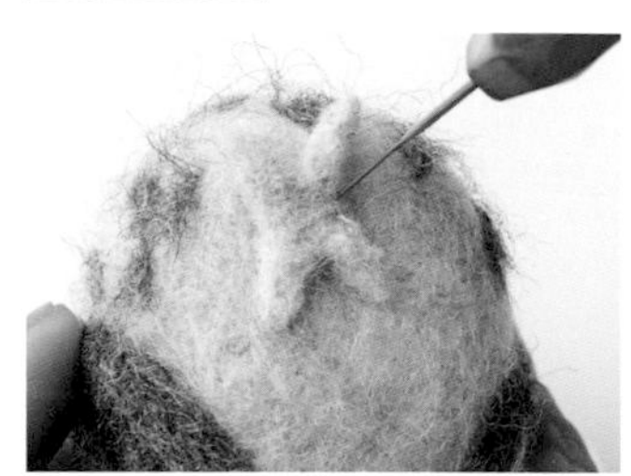
在腳的接合面中央點上白膠，暫時黏在身體底部。乾了之後再把腳戳刺固定。

麻雀型（三角形軀幹＋鳥腳）製作流程

製作軀幹基體

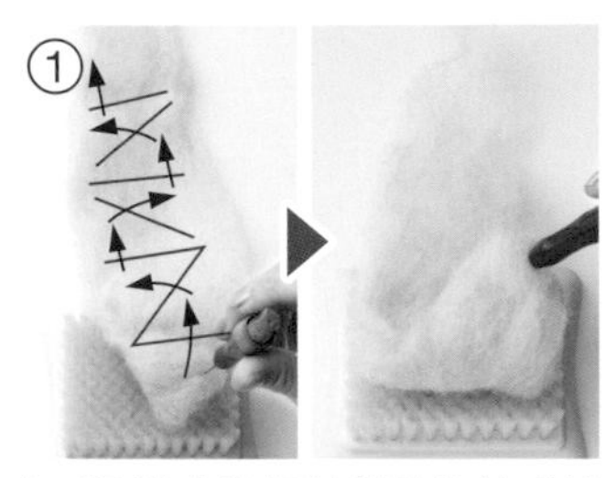

在毛刷墊上將軀幹基體的羊毛鋪成薄薄的長帶狀。把起點處稍微戳刺氈化。邊折疊成三角形邊蓬鬆地戳刺固定。

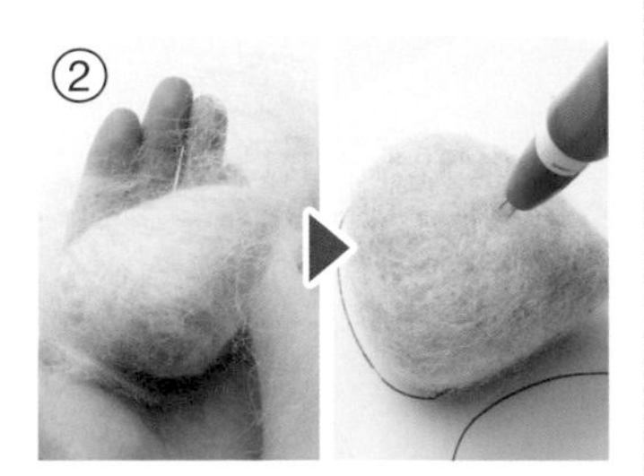

大致成形之後，像包飯糰般用薄片狀的羊毛包起來，配合紙型調整形狀並修整表面。

製作頭部基體

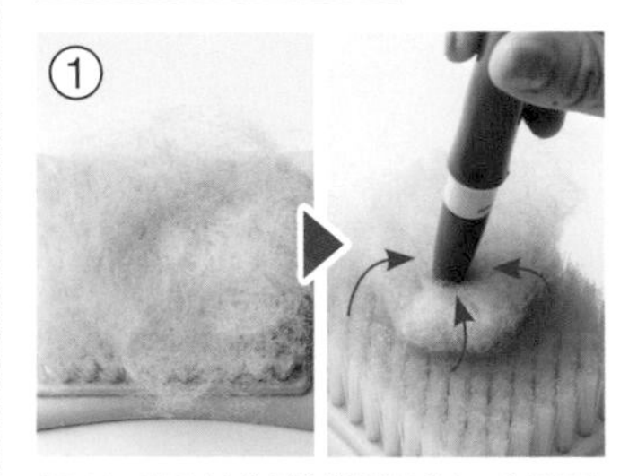

把羊毛呈放射狀撕開鋪在毛刷墊上，再將邊緣折起戳刺成圓形。

從側面戳刺，塑形成半球狀。

製作翅膀

把用透明文件夾（或厚紙板）做出的模型插在毛刷墊上，製作翅膀。

拿掉模型，把外圍修整一下。

Point

依照翅膀→紙型的順序重疊在毛刷墊上，把黑色羊毛戳進圓孔裡

用描圖紙描繪紙型，剪下紙型。將圓孔部分挖空。

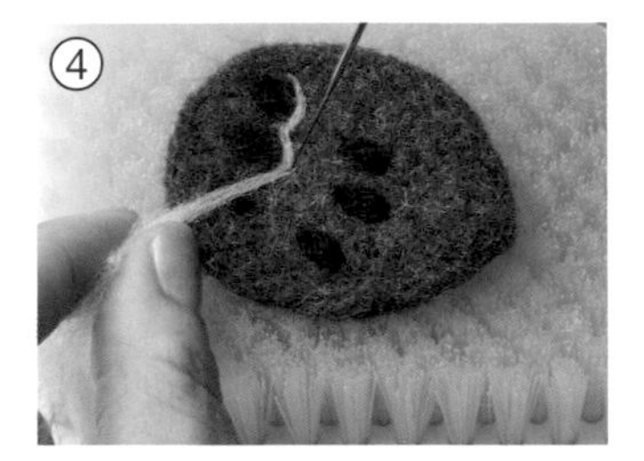

細線部分是先把少量的羊毛捻成線狀，再用快速針戳刺上去。多餘的羊毛用剪刀剪掉。

製作嘴喙

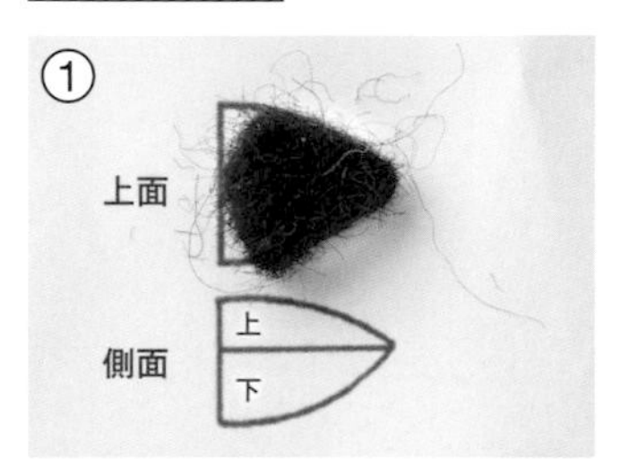

依照紙型把嘴喙的上下部分分別做好。下部要做得比上部厚一點。

把嘴喙的上下部分戳刺固定，調整形狀。

製作尾巴

製作薄片羊毛，再配合紙型折疊戳刺。

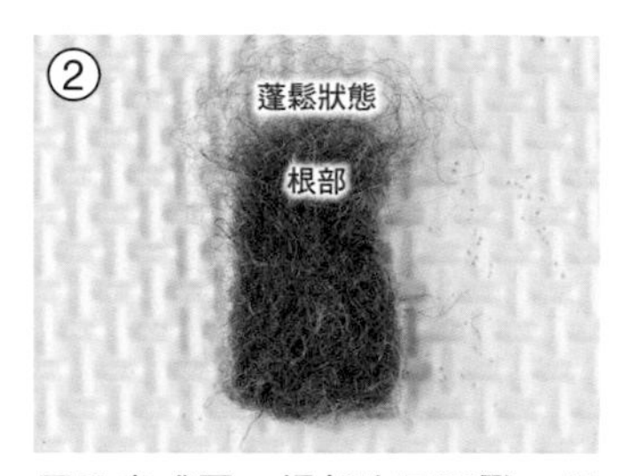

尾巴完成圖。根部先不要戳，保持蓬鬆狀態。

製作腳

在不織布的上面戳上少量羊毛增加厚度。

用剪刀把穿透到背面的蓬鬆細毛剪掉。

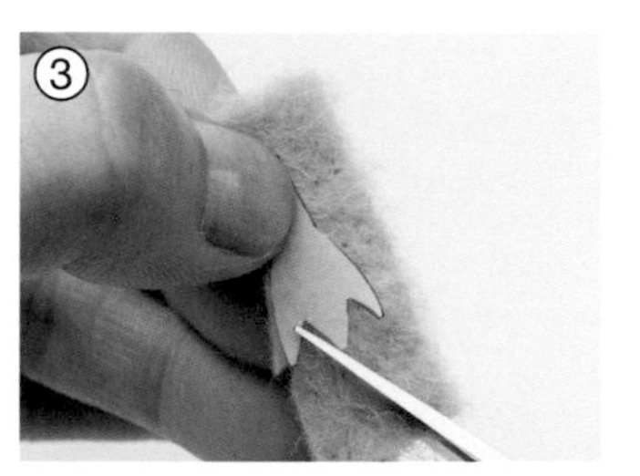

用描圖紙描繪紙型，剪下紙型。把紙型重疊在②上裁剪。

Point

在③的趾尖處塗上足以滲入羊毛中的釋稀白膠，風乾

把白膠擠在沾了水的面紙上稍微稀釋。

組裝部件

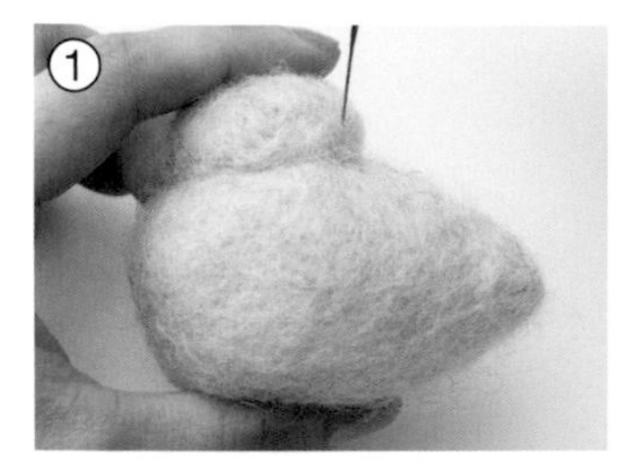

①把頭和身體接合。

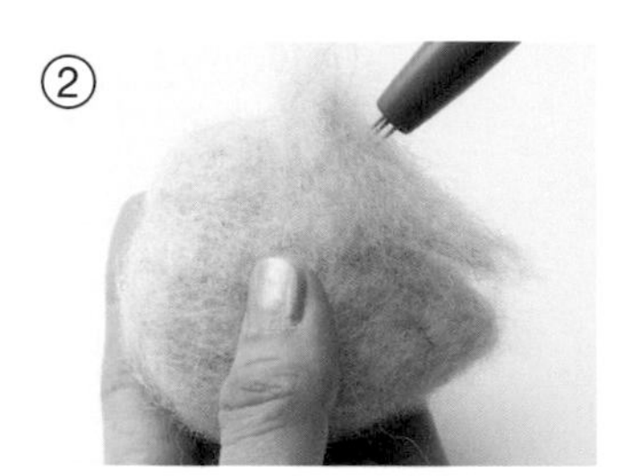

②在全身加肉塑形。

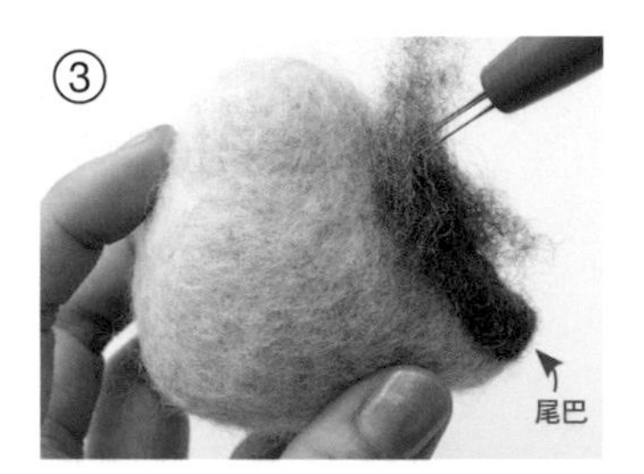

③把尾巴戳刺接合，用薄片狀的羊毛在背部戳上顏色。

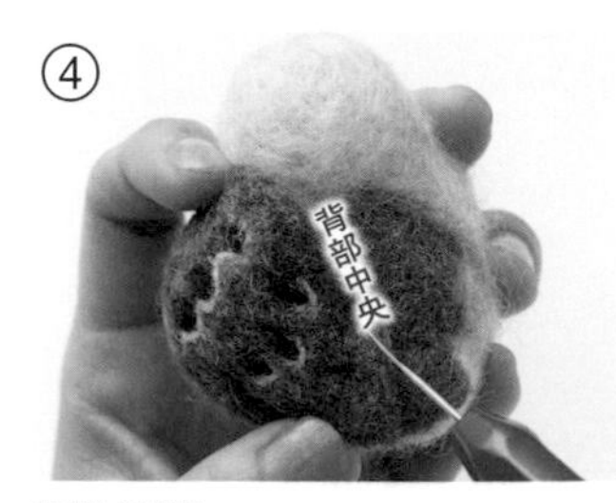

④安裝翅膀。

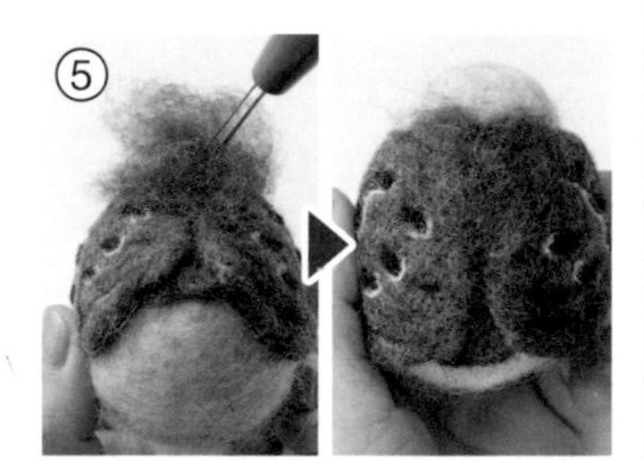

⑤用和背部同色的羊毛片加肉。

安裝嘴喙

在接合面的中央點上白膠，暫時黏在臉上。乾燥之後沿著嘴喙邊緣戳刺一圈，使其氈化結合。

製作頭部周圍

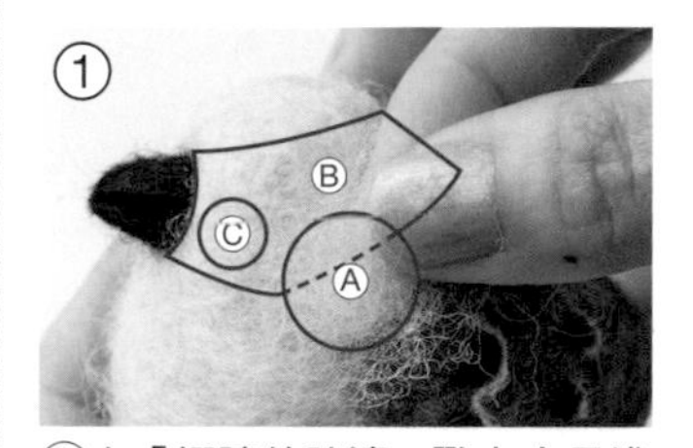

①Ⓐ在「翅膀的脇邊」戳上少量淺色羊毛。Ⓑ在「嘴喙邊際到脖子周圍整圈」戳上白色羊毛。Ⓒ在「臉頰」用白色羊毛加肉。

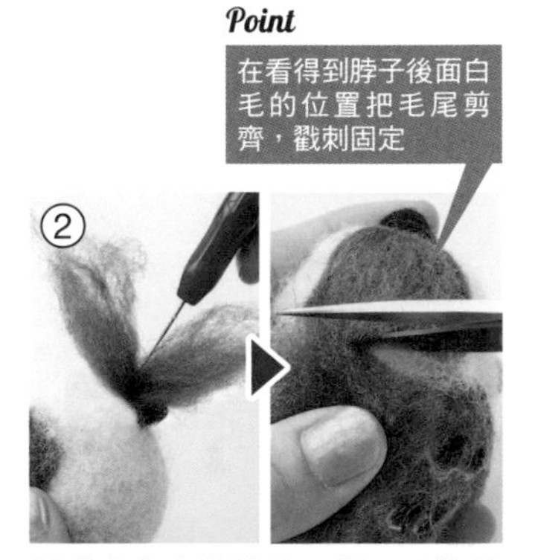

②從嘴喙上方朝著後頭部，以往後梳齊的方式植入深色羊毛。

製作臉部

在嘴喙的根部用黑色羊毛戳上斑塊。

在眼周、下顎、眉間用黑色羊毛戳上線條，做出皺紋的感覺。

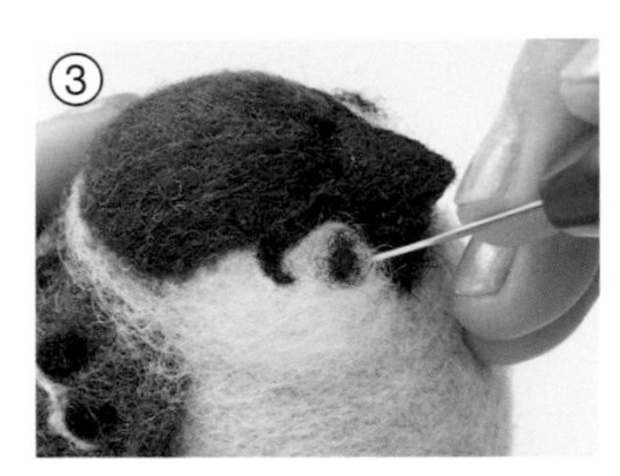

把臉頰用的黑色羊毛以指腹搓圓，戳刺固定在臉頰的位置。

以畫出頭和身體界線的感覺，用黑白混合的羊毛戳上線條，把多餘的羊毛剪掉。

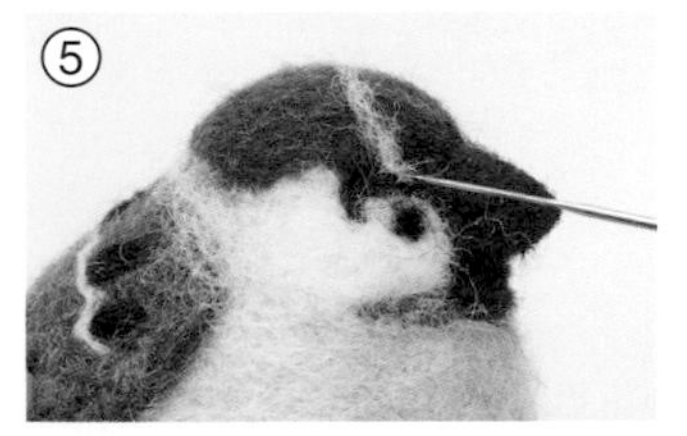

眼白是先把少量的白色羊毛捻成線狀，再用快速針戳刺上去。多餘的羊毛用剪刀剪掉。以同樣的方式用黑色羊毛戳上瞳孔。

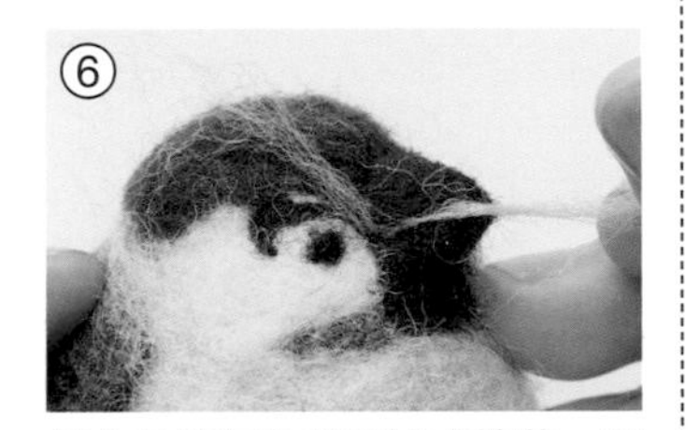

把少量的灰色羊毛捻成線狀，用快速針戳出上下嘴喙的界線。多餘的羊毛用剪刀剪掉。

安裝腳

用剪刀剪出切口，轉動一下把洞口撐開。

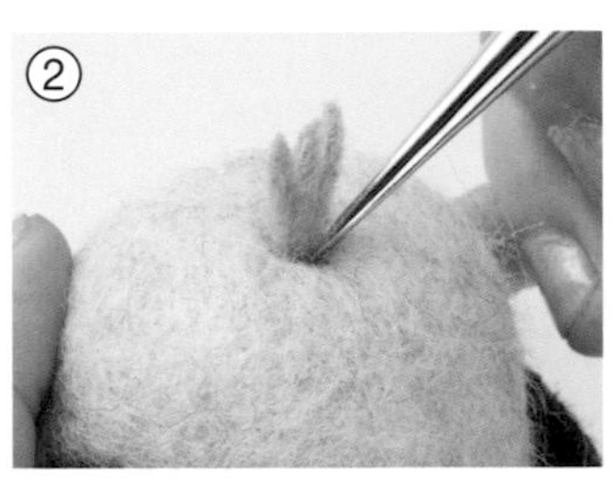

用錐子把腳踝塞進去，仔細地戳刺氈化並加以固定。

〈醜萌小動物 36款〉

本書的動物　依體型分類

Type 1

三色貓 型

葫蘆形軀幹＋長腳

鬥牛犬、牛頭梗、兔子老董、兔子陪酒小姐、水豚、水豚女孩、羊男孩、女神羊、豬小弟、黑豬女、大象、河馬、三色貓、八字臉貓

基本流程
參照P.30-34

Type 2

無尾熊 型

橢圓形軀幹＋扁腳

無尾熊、水牛、聖伯納犬

基本流程
參照P.35-37

Type 3

馬來熊 型

圓形軀幹＋圓腳

熊貓、馬來熊、棕熊、白貓

基本流程
參照P.38-40

Type 4

貓頭鷹 型

筒形軀幹＋鳥腳

烏林鴞、雪鴞、跳岩企鵝、阿德利企鵝

基本流程
參照P.41-44

Type 5

麻雀 型

三角形軀幹＋鳥腳

麻雀、綠頭鴨、烏鴉媽媽、小烏鴉、小雞、花魁鳥

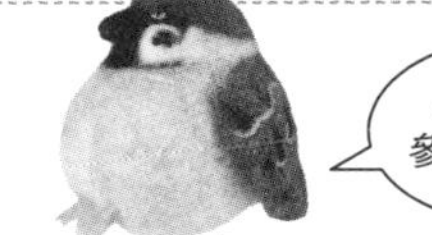

基本流程
參照P.45-48

Original

烏龜 型

烏龜

※無基本流程解說，請參考Type1～5自由發揮！

鬥牛犬 難易度 ★★★☆☆

〈材料〉

[羊毛] 淺色13g、黑色少許（皆為Ⓡ）、白色少許Ⓢ、
混色羊毛條215少許Ⓗ

※Ⓡ→羅姆尼、Ⓢ→薩斯當、Ⓗ→Hamanaka

其他…紅色系不織布少許、牙籤、水性麥克筆白色

〈作法〉 基本流程參照P.30～34「三色貓型」。

①製作各個部件。
②在臉部加肉，安裝下顎。
③安裝耳朵。
④把頭和軀幹接合。
⑤安裝手腳之後加肉塑形。把手腕和腳踝稍微折彎。
⑥製作鼻子、嘴巴、眼睛。
⑦戳上法令紋。
⑧製作舌頭和獠牙。（舌頭的安裝方法參照P.33）
⑨安裝尾巴。

〈實物大部件〉

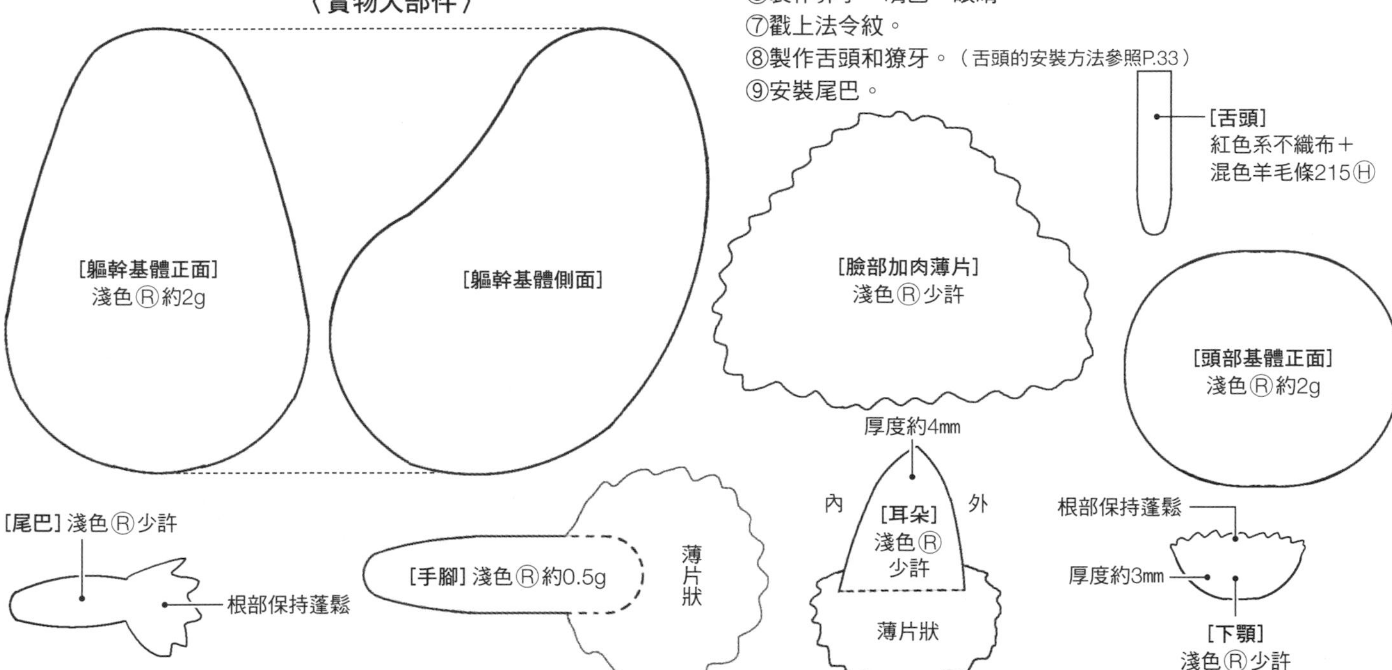

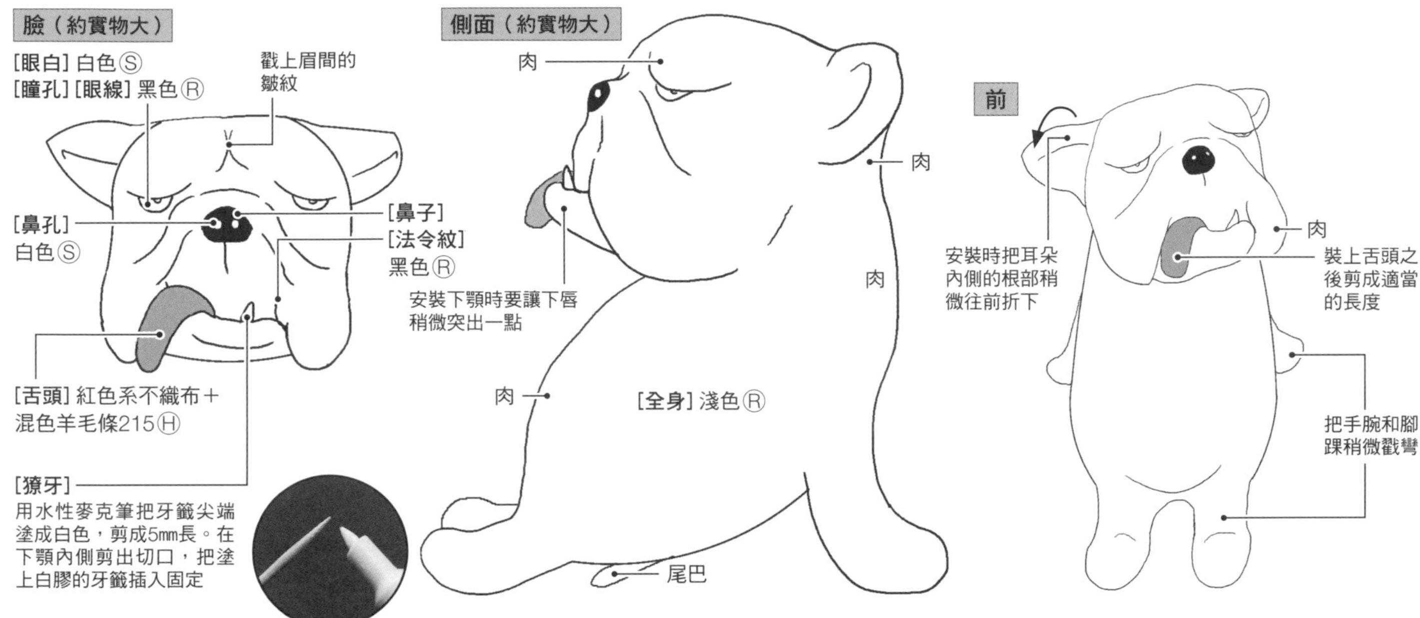

〈在臉頰加肉〉

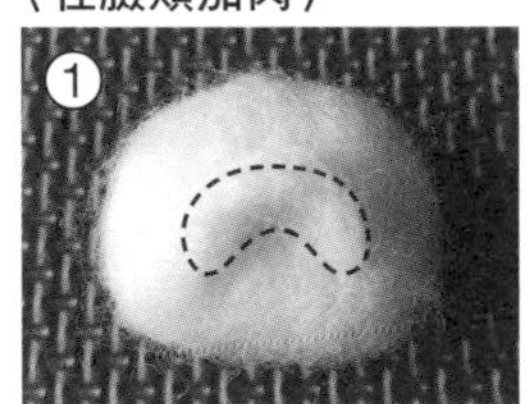

把中央部分稍微加厚。

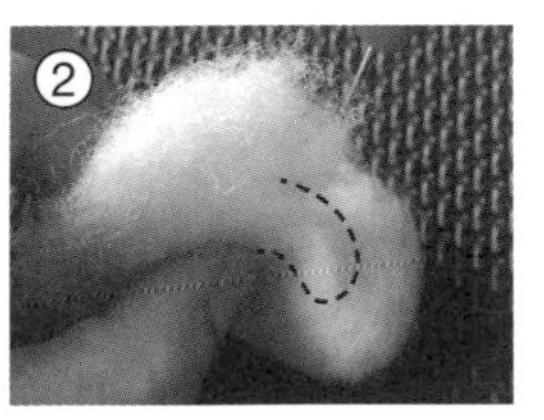

將加肉用的薄片緊貼著①的上緣戳刺接合。

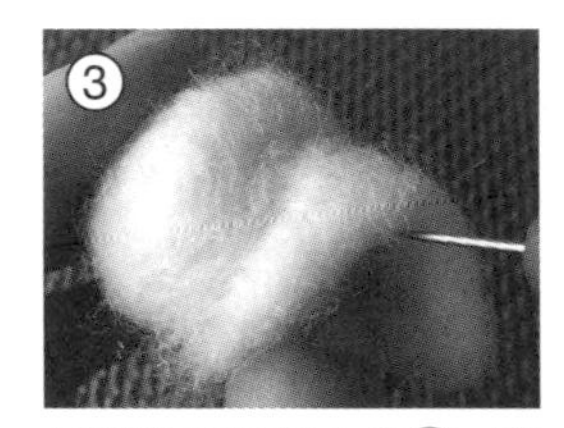

把薄片往下折夾住①，緊貼著下緣戳刺接合。

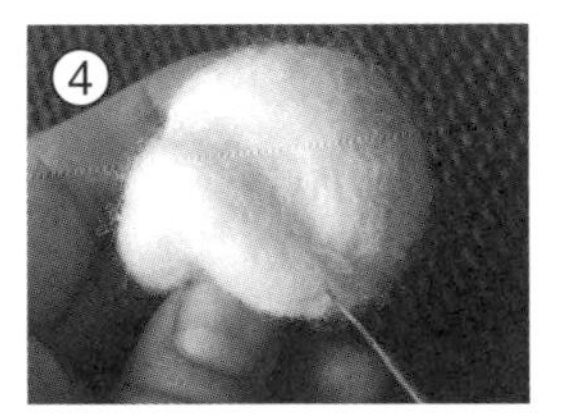

戳刺整體塑形，做出下垂的臉頰造型。

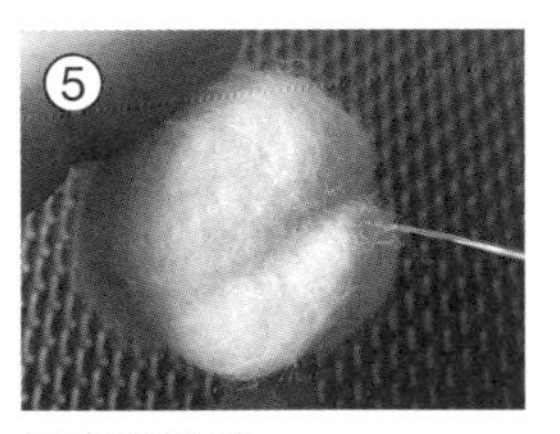

把鼻頭戳扁。

牛頭梗 難易度 ★★★☆☆

〈材料〉

[羊毛] 白色12gⓈ、桃色少許、黑色少許（皆為Ⓡ）、
混色羊毛條215少許Ⓗ

※Ⓡ→羅姆尼、Ⓢ→薩斯當、Ⓗ→Hamanaka

其他…紅色系不織布少許

〈作法〉基本流程參照P.30～34「三色貓型」。

①製作各個部件。

②把頭和軀幹接合。

③安裝手腳之後加肉塑形。把手腕和腳踝稍微折彎。

④安裝耳朵，在臉部戳上斑塊。

⑤製作鼻子、嘴巴、眼睛。

⑥安裝舌頭。（舌頭的安裝方法參照P.33）

⑦安裝尾巴。

●軀幹基體、手腳的紙型和「鬥牛犬」（P.50）通用。
羊毛使用白色Ⓢ。

〈實物大部件〉

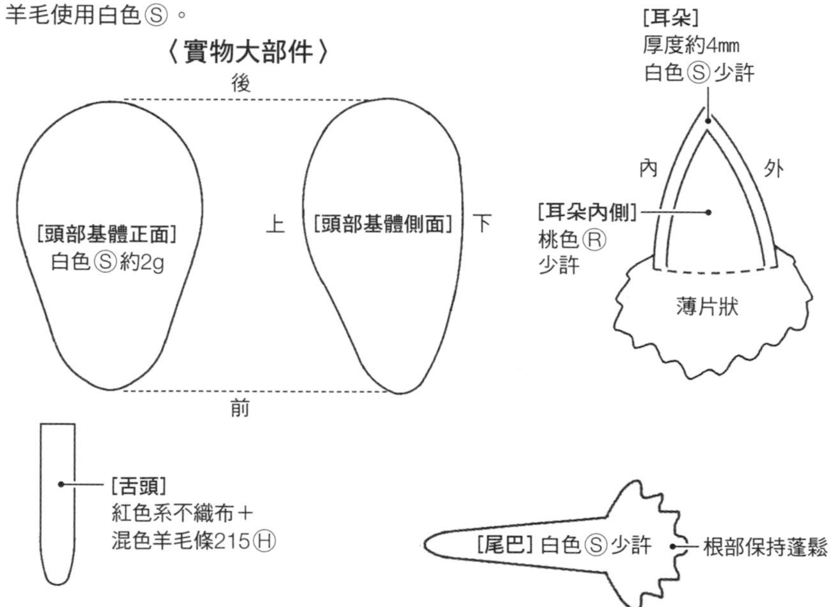

臉／前面（約實物大）

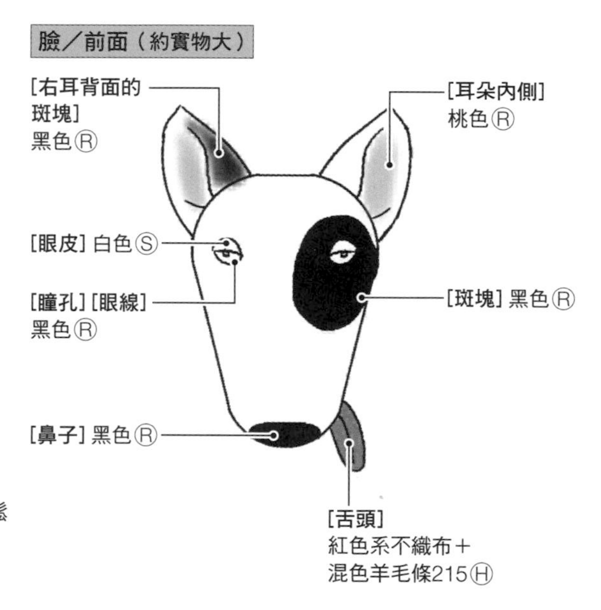

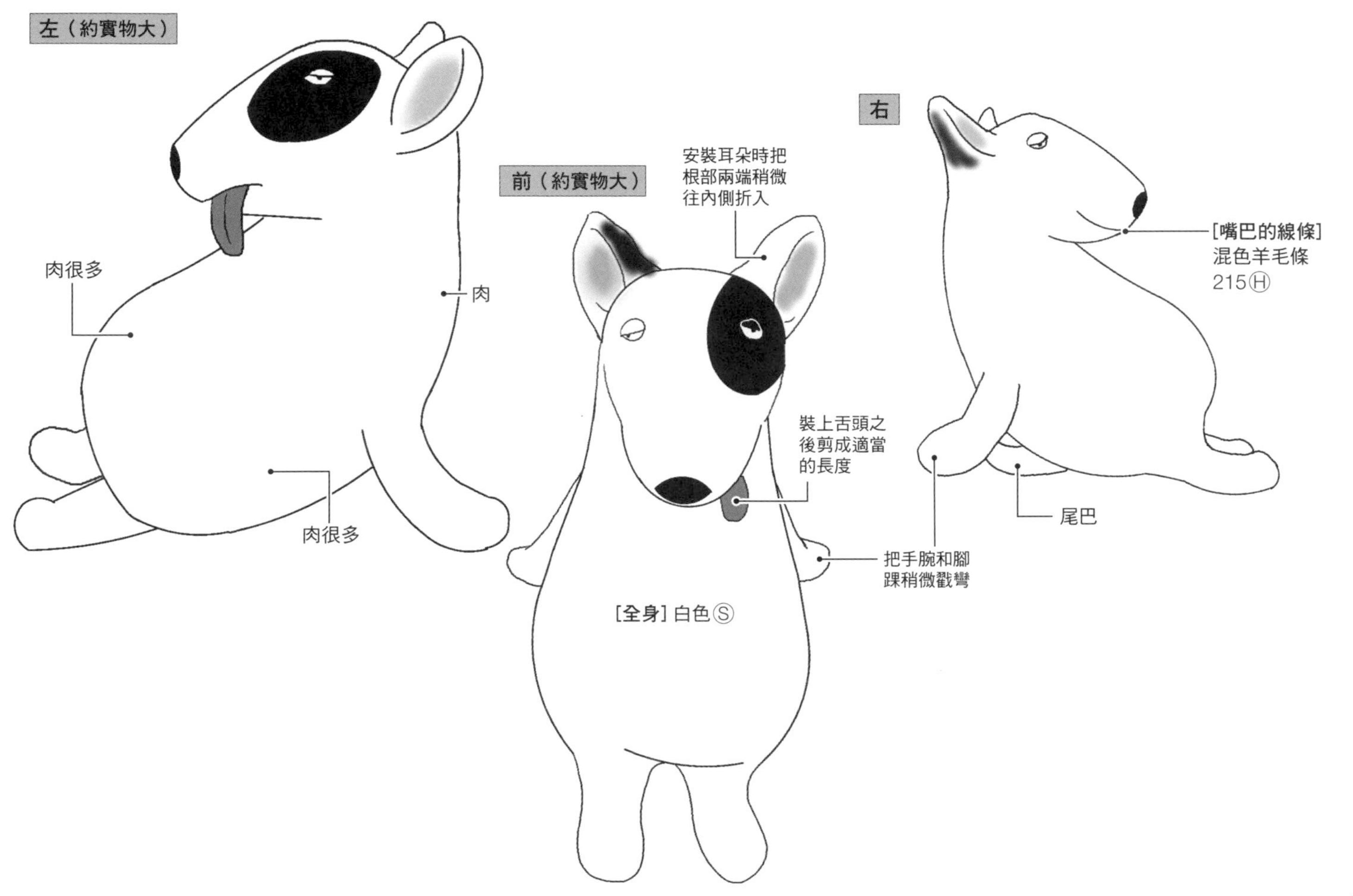
左（約實物大）
肉很多
肉
肉很多
前（約實物大）
安裝耳朵時把
根部兩端稍微
往內側折入
裝上舌頭之
後剪成適當
的長度
把手腕和腳
踝稍微戳彎
[全身] 白色Ⓢ
右
[嘴巴的線條]
混色羊毛條
215Ⓗ
尾巴

兔子老董 難易度 ★★★☆☆

〈材料〉

[羊毛] 白色12gⓈ、天然混合羊毛條805少許Ⓗ、黑色少許Ⓡ

※Ⓡ→羅姆尼、Ⓢ→薩斯當、Ⓗ→Hamanaka

其他…紅色系不織布少許、白色不織布少許

〈作法〉基本流程參照P.30～34「三色貓型」。

①製作各個部件。
②在臉、後頭部加肉。
③在嘴巴周圍戳上顏色（天然混合羊毛條805Ⓗ）。
④安裝耳朵。
⑤把頭和軀幹接合。
⑥安裝手腳之後加肉塑形。
⑦製作鼻子、嘴巴、眼睛，插入牙齒。
⑧安裝尾巴。
⑨以絲針固定領帶。
※小心別刺到手。

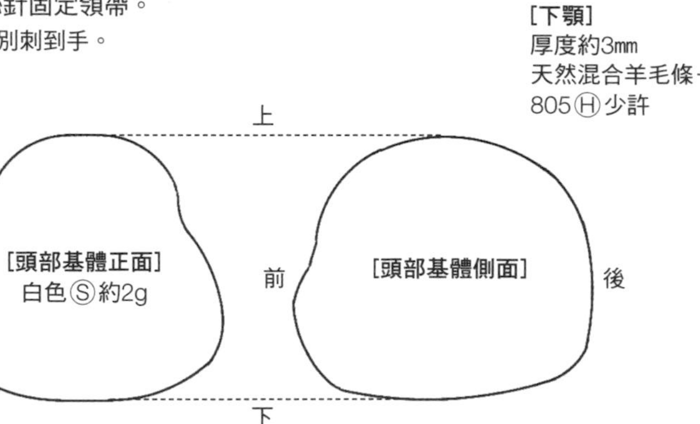

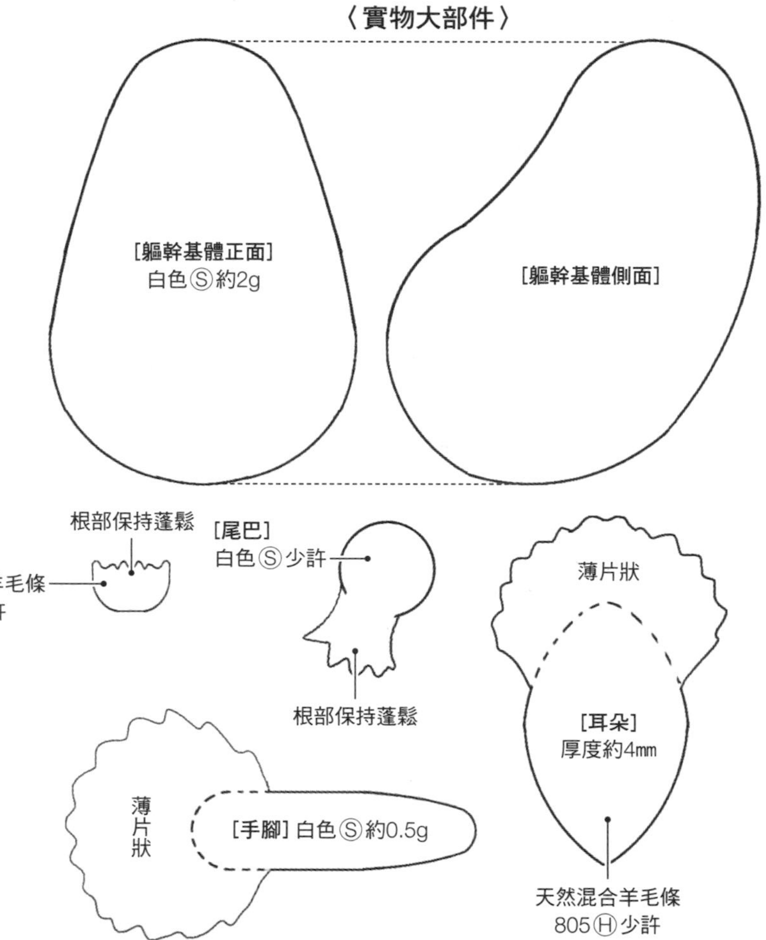

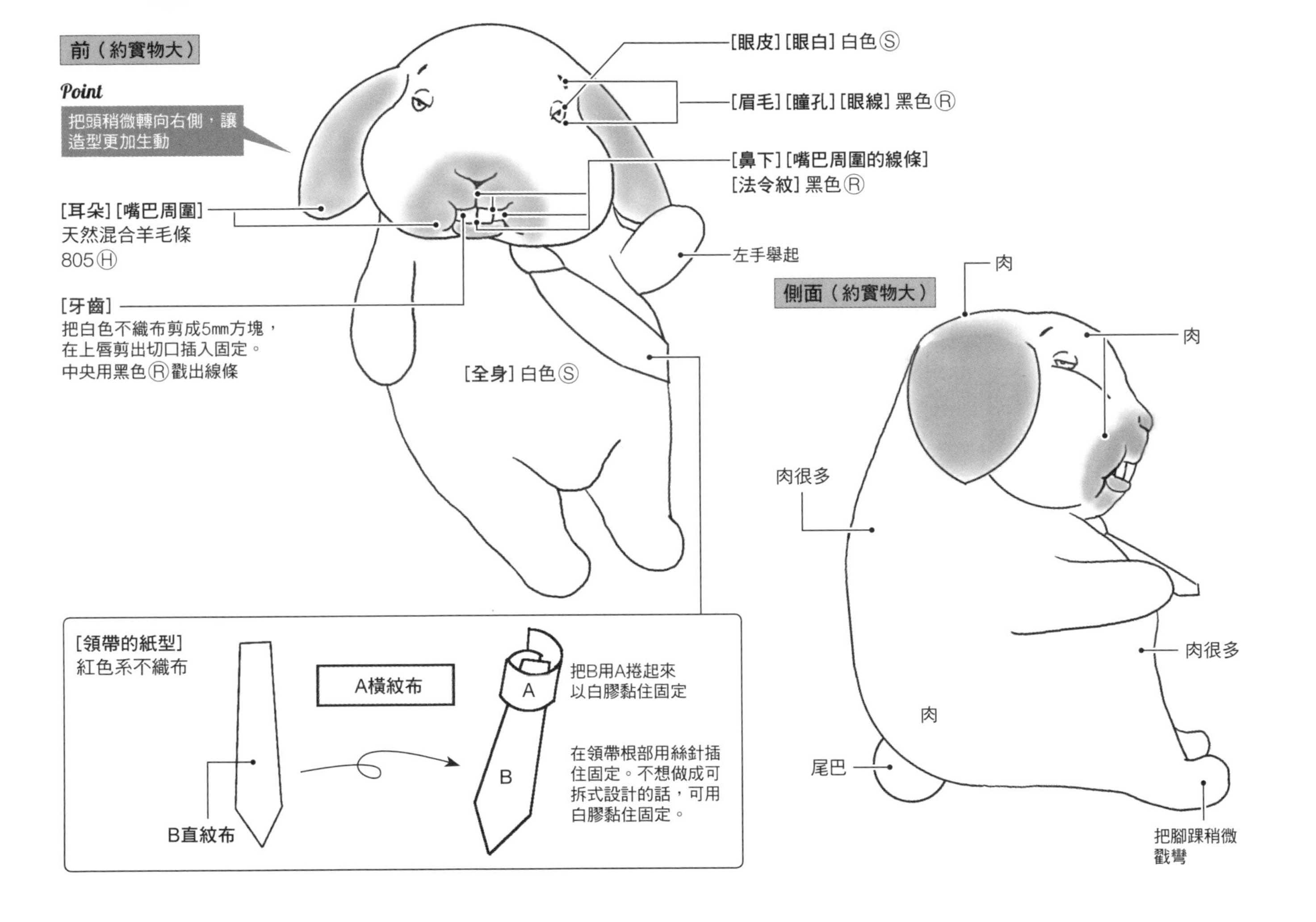
前（約實物大）
Point
把頭稍微轉向右側，讓造型更加生動
[耳朵] [嘴巴周圍]
天然混合羊毛條
805Ⓗ
[牙齒]
把白色不織布剪成5mm方塊，
在上唇剪出切口插入固定。
中央用黑色Ⓡ戳出線條
[眼皮] [眼白] 白色Ⓢ
[眉毛] [瞳孔] [眼線] 黑色Ⓡ
[鼻下] [嘴巴周圍的線條]
[法令紋] 黑色Ⓡ
左手舉起
[全身] 白色Ⓢ
側面（約實物大）
肉
肉
肉很多
肉很多
肉
尾巴
把腳踝稍微戳彎
[領帶的紙型]
紅色系不織布
A橫紋布
B直紋布
A
B
把B用A捲起來
以白膠黏住固定
在領帶根部用絲針插住固定。不想做成可拆式設計的話，可用白膠黏住固定。

兔子陪酒小姐 難易度 ★★★☆☆

〈材料〉

[羊毛] 白色10gⓈ、黑色3.5g、桃色少許（皆為Ⓡ）

※Ⓡ→羅姆尼、Ⓢ→薩斯當

其他…紅色系不織布少許、橘色假睫毛

〈作法〉基本流程參照P.30～34「三色貓型」。

①製作各個部件。

②在臉部加肉之後在眼周用黑色Ⓡ戳上斑塊，安裝耳朵。

③把頭和軀幹接合。

④在軀幹加肉之後安裝手腳。

　※把腳斜斜地安裝上去，以展現女人味。

⑤在軀幹用黑色Ⓡ戳上斑塊。

⑥安裝尾巴。

⑦製作鼻子、嘴巴、眼睛、眉毛，裝上假睫毛（參照P.37）。

〈造型變化〉
白兔（P.20）用的是同樣的紙型，羊毛使用白色Ⓢ

●軀幹基體、手腳的紙型和「兔子老董」（P.54）通用。
羊毛使用[軀幹]、[手]…白色Ⓢ、[腳]…黑色Ⓡ。

〈實物大部件〉

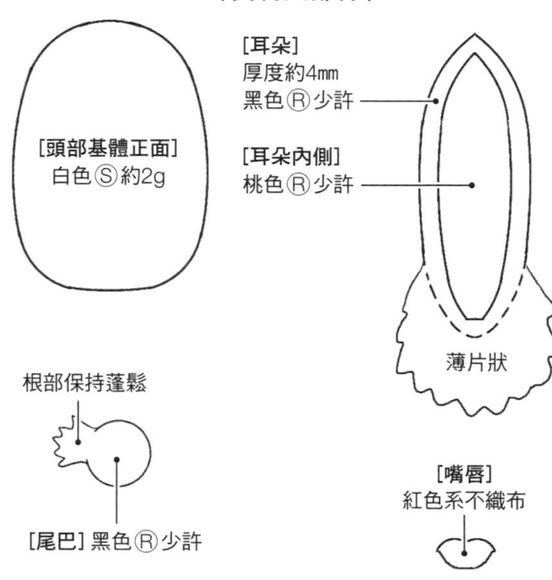

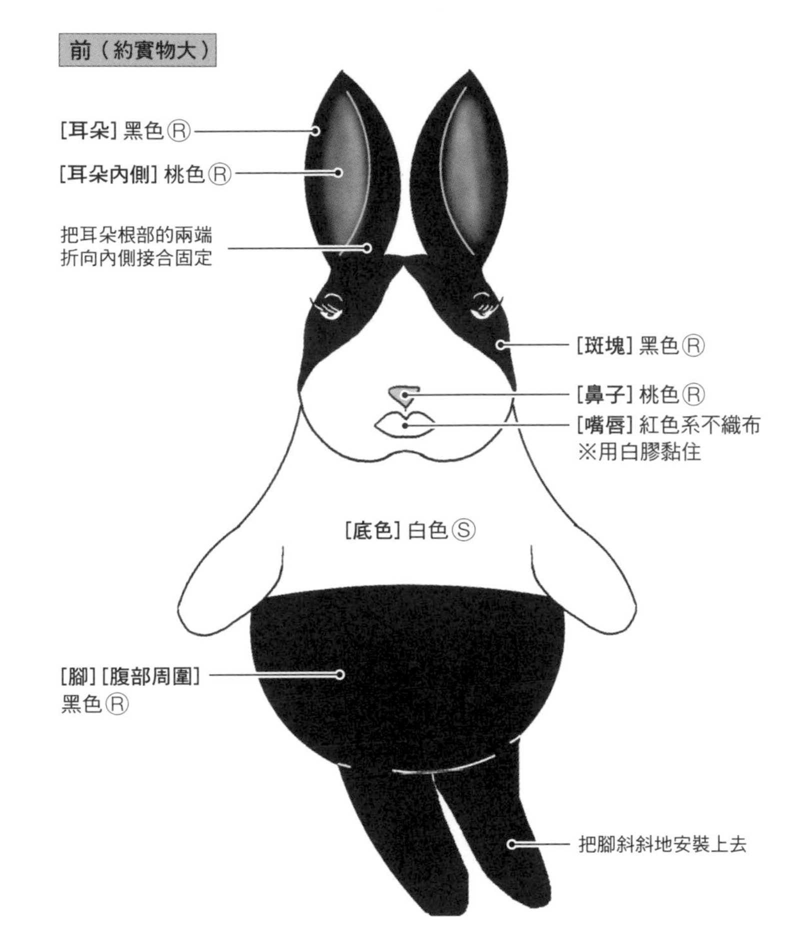
前（約實物大）
[耳朵] 黑色Ⓡ
[耳朵內側] 桃色Ⓡ
把耳朵根部的兩端
折向內側接合固定
[斑塊] 黑色Ⓡ
[鼻子] 桃色Ⓡ
[嘴唇] 紅色系不織布
※用白膠黏住
[底色] 白色Ⓢ
[腳] [腹部周圍]
黑色Ⓡ
把腳斜斜地安裝上去

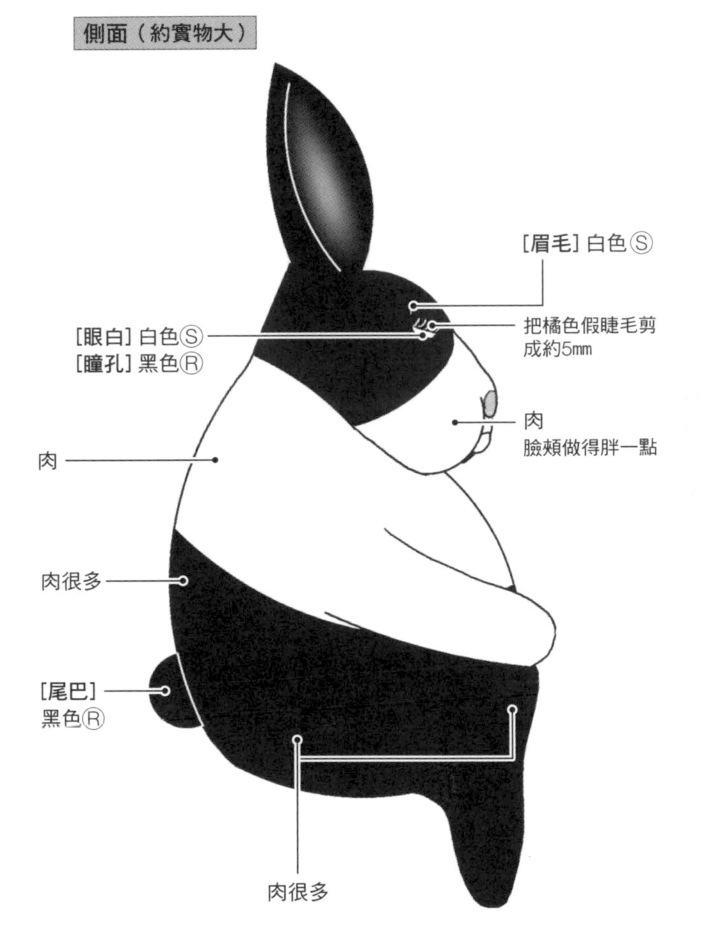
側面（約實物大）
[眉毛] 白色Ⓢ
[眼白] 白色Ⓢ
[瞳孔] 黑色Ⓡ
把橘色假睫毛剪
成約5㎜
肉
臉頰做得胖一點
肉
肉很多
[尾巴]
黑色Ⓡ
肉很多

有點壞壞的水豚 難易度 ★★☆☆☆

〈材料〉

[羊毛] 米色11g、巧克力色少許、黑色少許（皆為Ⓡ）

※Ⓡ→羅姆尼、Ⓗ→Hamanaka、㊣→事先做好的混色羊毛

〈作法〉基本流程參照P.30～34「三色貓型」。

①製作混色羊毛。把巧克力色Ⓡ＋米色Ⓡ以1：1混合。
　→以下稱作㊣。

②製作各個部件。

③把頭和軀幹接合，在後頭部到背部的位置加肉。

④安裝手腳之後加肉塑形，安裝耳朵。

⑤戳上鼻子、嘴巴、眼睛，在鼻子下方戳上線條。

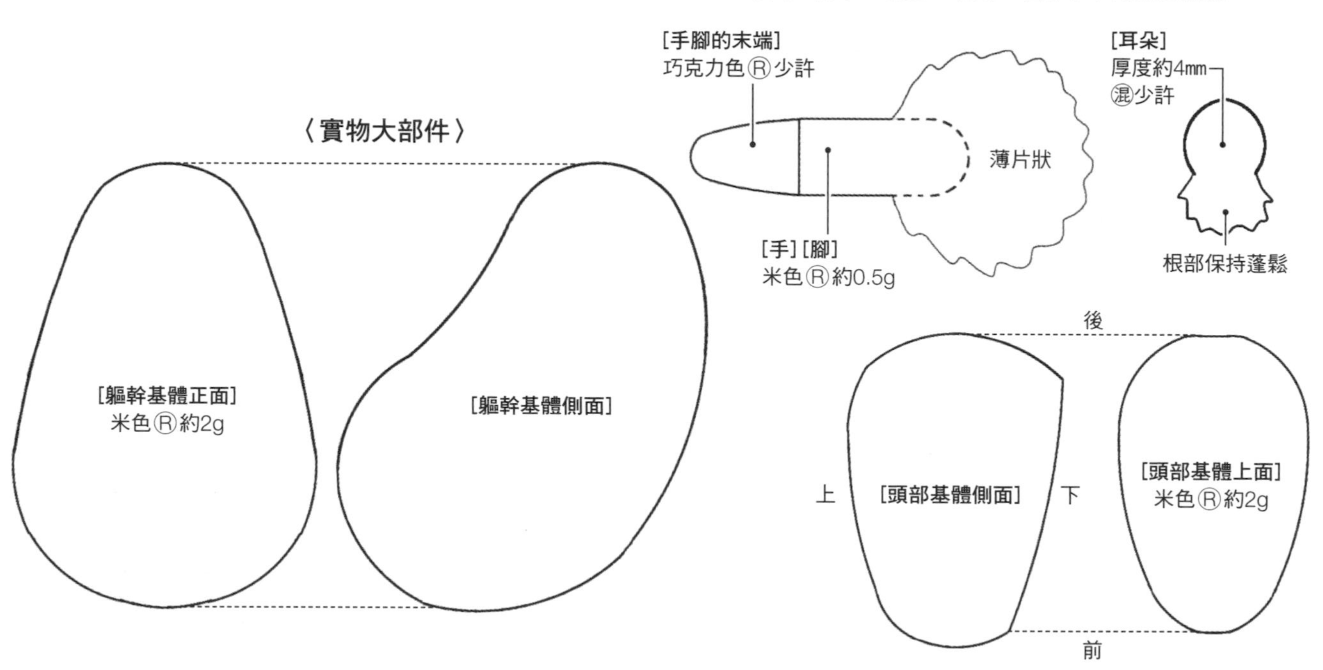

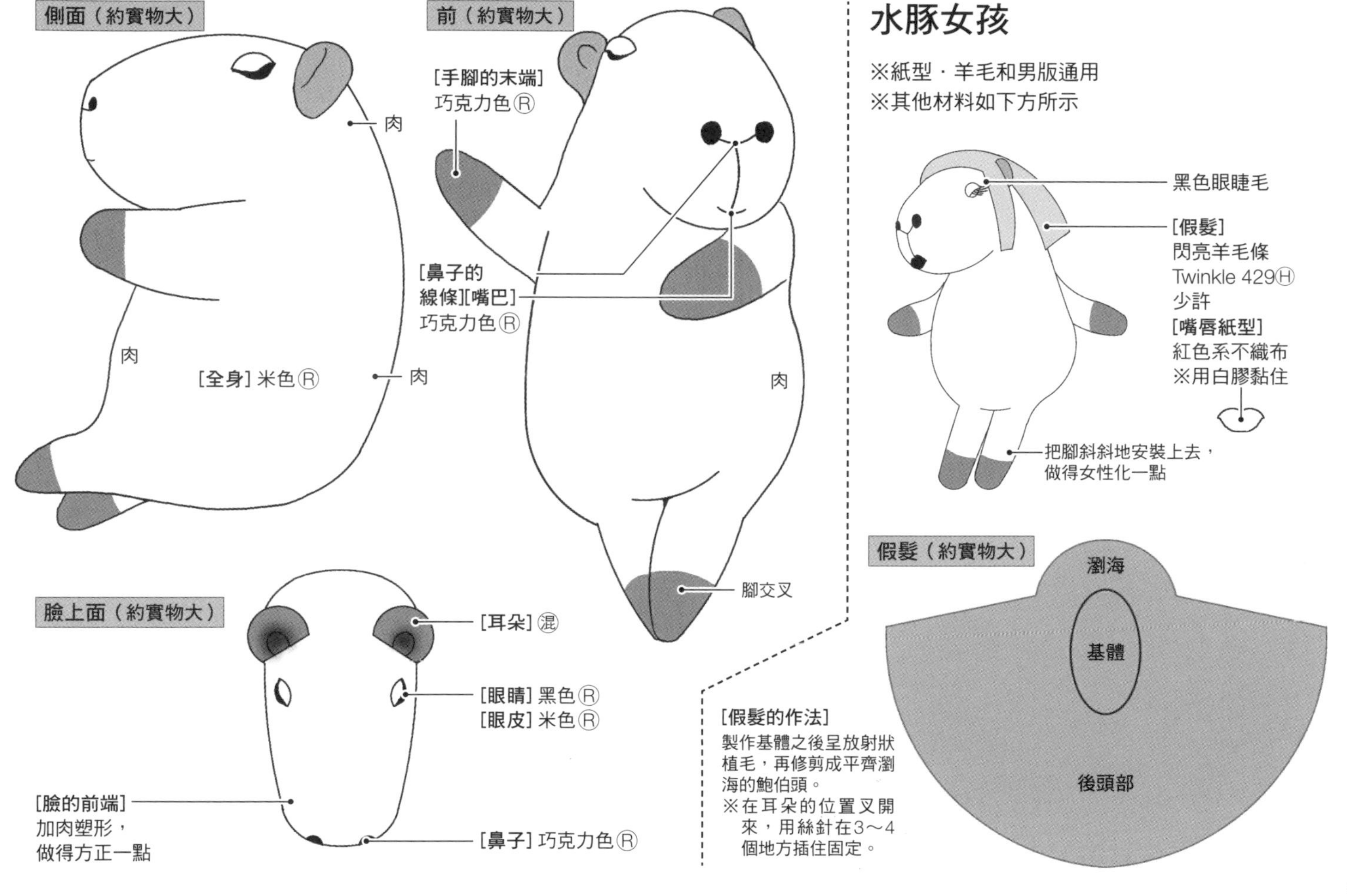
側面（約實物大）
肉
肉
[全身] 米色Ⓡ
肉
前（約實物大）
[手腳的末端]
巧克力色Ⓡ
[鼻子的
線條][嘴巴]
巧克力色Ⓡ
肉
腳交叉
臉上面（約實物大）
[耳朵] ㊋
[眼睛] 黑色Ⓡ
[眼皮] 米色Ⓡ
[臉的前端]
加肉塑形，
做得方正一點
[鼻子] 巧克力色Ⓡ
水豚女孩
※紙型・羊毛和男版通用
※其他材料如下方所示
黑色眼睫毛
[假髮]
閃亮羊毛條
Twinkle 429Ⓗ
少許
[嘴唇紙型]
紅色系不織布
※用白膠黏住
把腳斜斜地安裝上去，
做得女性化一點
假髮（約實物大）
瀏海
基體
後頭部
[假髮的作法]
製作基體之後呈放射狀
植毛，再修剪成平齊瀏
海的鮑伯頭。
※在耳朵的位置叉開
來，用絲針在3～4
個地方插住固定。

小鹿亂撞的羊男孩 難易度 ★★☆☆☆

〈材料〉

[羊毛] 白色7gⓈ、黑色6gⓇ

※Ⓡ→羅姆尼、Ⓢ→薩斯當、Ⓗ→Hamanaka

●軀幹基體、手腳的紙型和「兔子老董」（P.54）通用。
羊毛使用[軀幹]…白色Ⓢ、[手腳]…黑色Ⓡ。

〈實物大部件〉

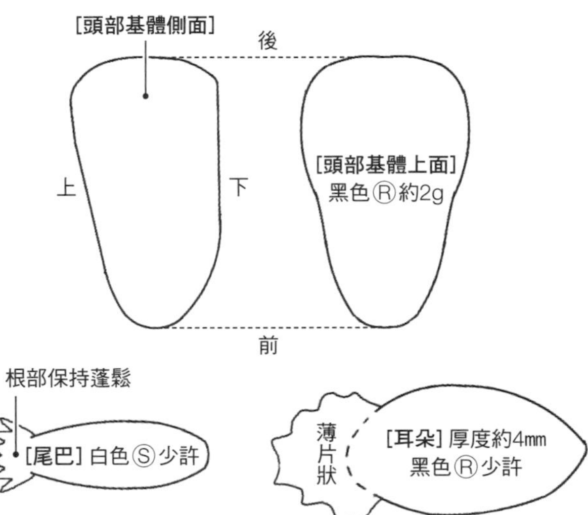

〈作法〉基本流程參照P.30～34「三色貓型」。

①製作各個部件。
②在臉、後頭部加肉，安裝耳朵。
③把頭和軀幹接合，安裝手腳。
④加肉塑形。
⑤戳上鼻子、嘴巴、眼睛。
⑥安裝尾巴。

側面（約實物大）

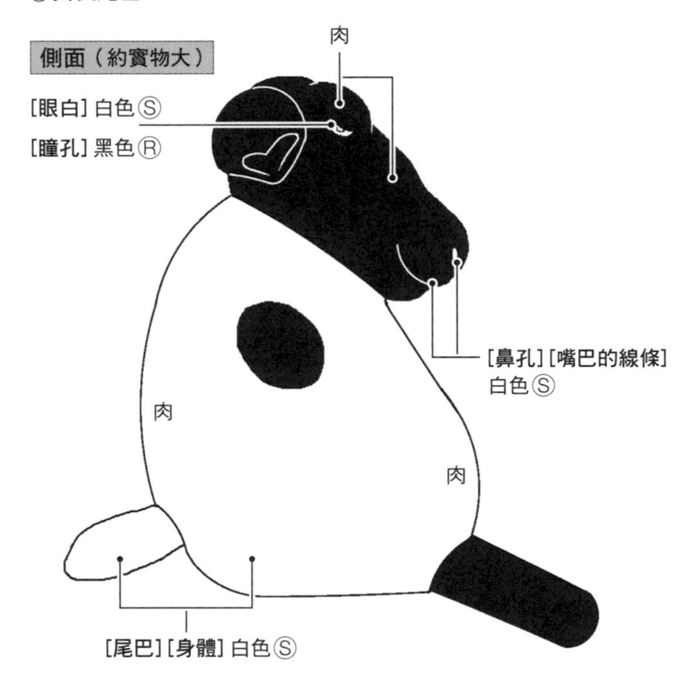

前（約實物大）

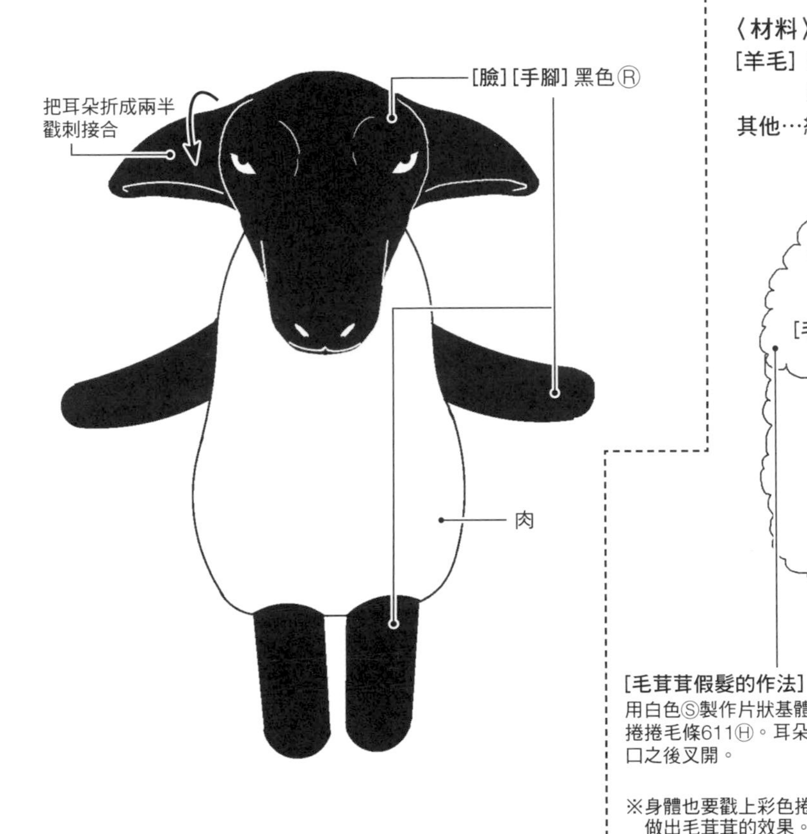

女神羊 ※紙型和男版通用。羊毛使用白色Ⓢ

〈材料〉

[羊毛] 白色11gⓈ、桃色少許、黑色少許（皆為Ⓡ）、
彩色捲捲毛條611…7gⒽ

其他…紅色系不織布少許、黑色假睫毛

[毛茸茸假髮的作法]

用白色Ⓢ製作片狀基體，在上面戳上彩色捲捲毛條611Ⓗ。耳朵部分用剪刀剪出切口之後叉開。

※身體也要戳上彩色捲捲毛條611Ⓗ，做出毛茸茸的效果。

※在上面鋪上極少量的白色Ⓢ一起戳刺的話，比較容易固定。

被女生搭訕喜不自禁的豬小弟 難易度 ★★★☆☆

〈材料〉

[羊毛] 膚色11g、紅茶色少許、黑色少許、
桃色少許（皆為Ⓡ）、白色少許Ⓢ

※Ⓡ→羅姆尼、Ⓢ→薩斯當

其他…白色系毛根約5cm

〈作法〉基本流程參照P.30～34「三色貓型」。

①製作各個部件。
②在臉、後頭部加肉，安裝耳朵。
③把頭和軀幹接合，安裝手腳。
④加肉塑形。
⑤戳上鼻子、嘴巴、眼睛。
⑥戳上法令紋和鼻子的皺紋。
⑦安裝尾巴。

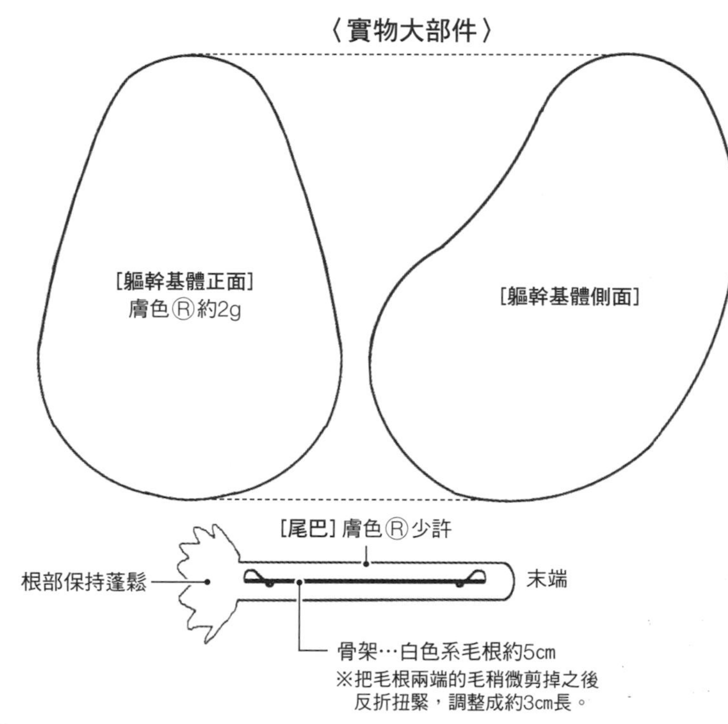

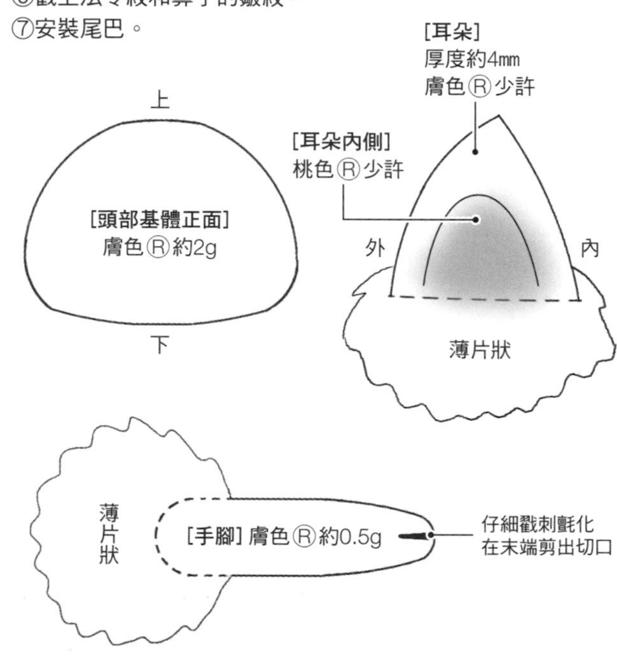

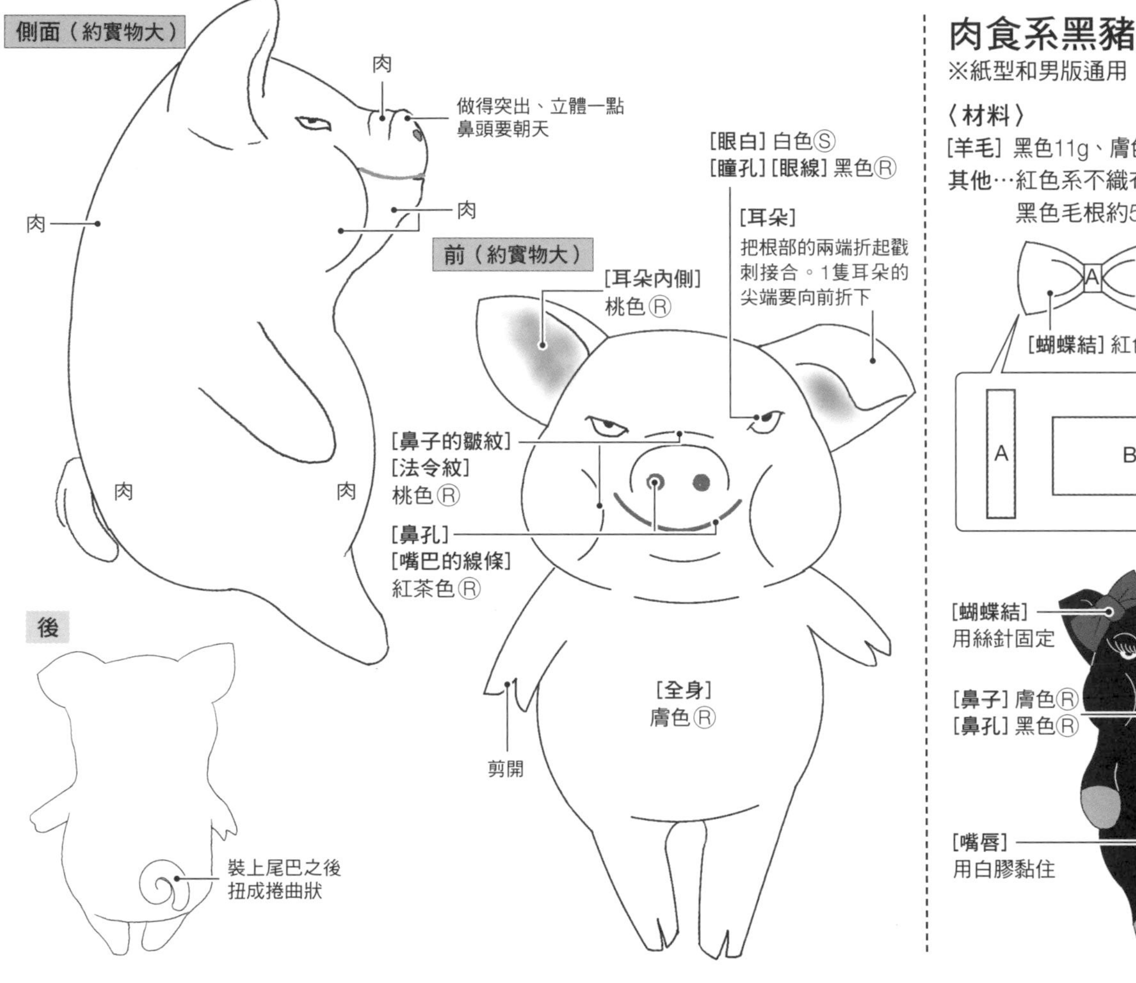

肉食系黑豬女

※紙型和男版通用。羊毛使用黑色Ⓡ。

〈材料〉

[羊毛] 黑色11g、膚色少許（皆為Ⓡ）、白色少許Ⓢ

其他…紅色系不織布少許、橘色假睫毛、黑色毛根約5cm

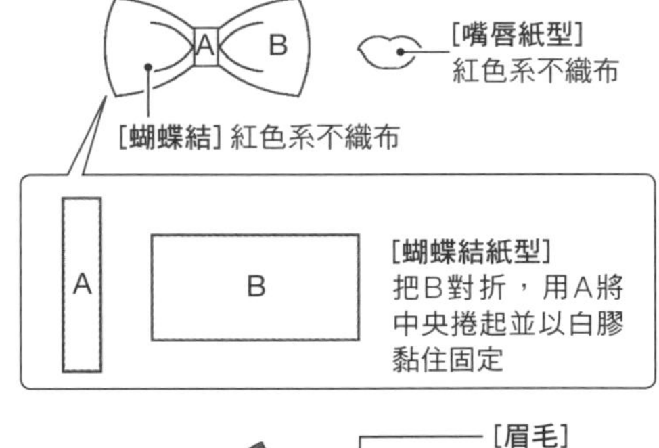

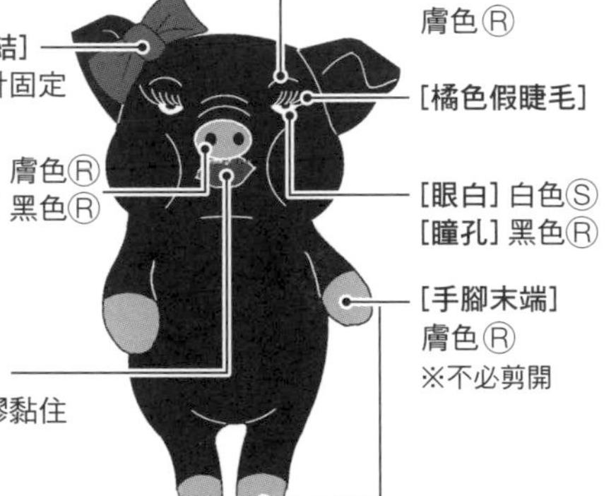

悠哉的大象 難易度 ★★★★☆

〈材料〉

[羊毛] 灰色11g、黑色少許（皆為Ⓡ）、
白色少許Ⓢ、混色羊毛條215少許Ⓗ

※Ⓡ→羅姆尼、Ⓢ→薩斯當、Ⓗ→Hamanaka
㊂→事先做好的混色羊毛

其他…白色系毛根約9cm

〈作法〉基本流程參照P.30～34「三色貓型」。

①製作混色羊毛。把黑色Ⓡ＋灰色Ⓡ以1：1混合。
→以下稱作㊂。
②製作各個部件。
③把下顎和軀幹接合，將鼻子安裝在下顎上。
（P.65組合圖）
④安裝手腳，在臉和全身加肉塑形。
⑤安裝耳朵。
⑥製作嘴巴、眼睛。
⑦安裝尾巴。
⑧把鼻子折彎，戳刺定型。

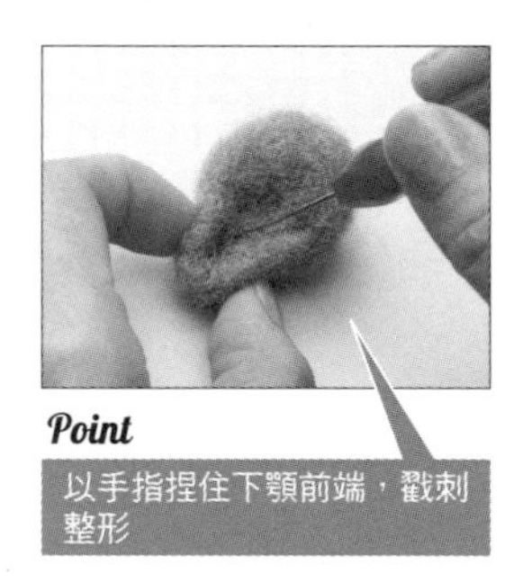

Point

以手指捏住下顎前端，戳刺整形

●軀幹基體、手腳的紙型和「兔子老董」（P.54）通用。
羊毛使用灰色Ⓡ。

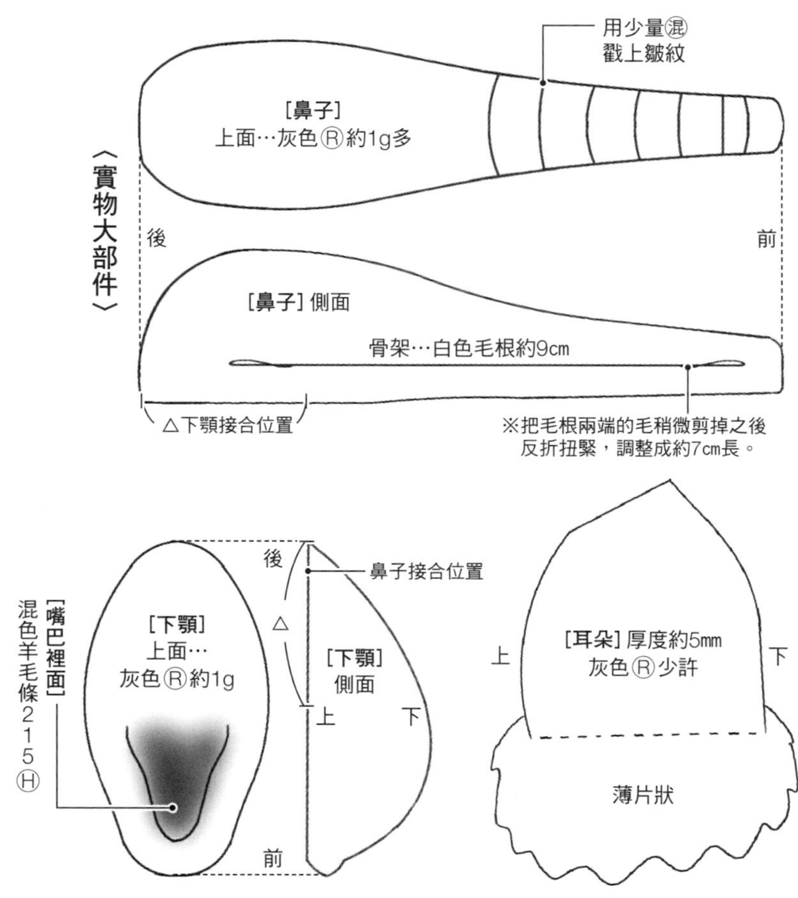

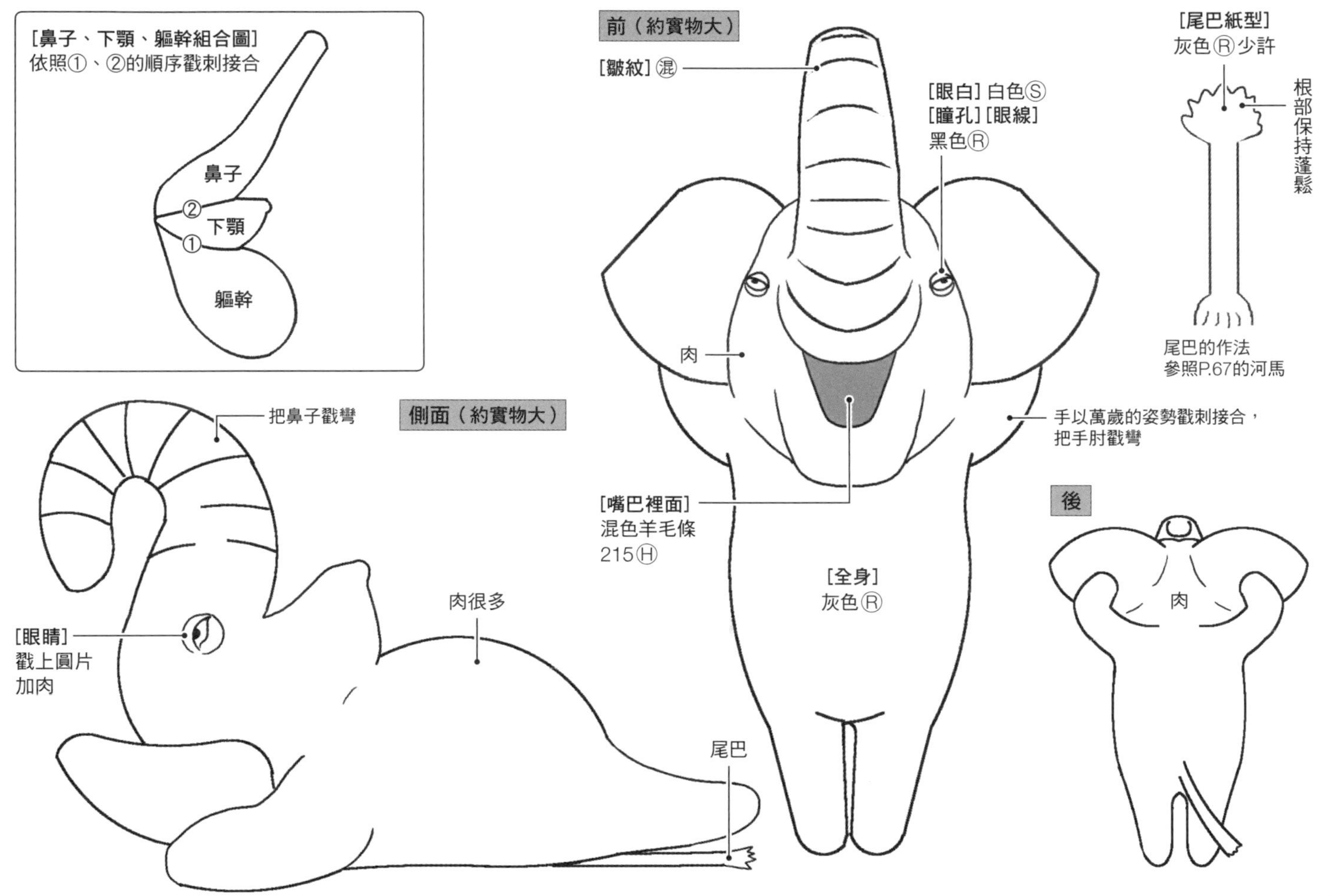
[鼻子、下顎、軀幹組合圖]
依照①、②的順序戳刺接合
鼻子
②
下顎
①
軀幹
前（約實物大）
[皺紋] 混
[眼白] 白色Ⓢ
[瞳孔] [眼線]
黑色Ⓡ
[尾巴紙型]
灰色Ⓡ少許
根部保持蓬鬆
尾巴的作法
參照P.67的河馬
肉
手以萬歲的姿勢戳刺接合，
把手肘戳彎
[嘴巴裡面]
混色羊毛條
215Ⓗ
[全身]
灰色Ⓡ
後
肉
把鼻子戳彎
側面（約實物大）
肉很多
[眼睛]
戳上圓片
加肉
尾巴

午睡的河馬 難易度 ★★★★☆

〈材料〉

[羊毛] 單色羊毛條30…11g、
單色羊毛條9…少許、
單色羊毛條1…少許、
混色羊毛條215…少許（皆為Ⓗ）

※Ⓗ→Hamanaka

其他…白色不織布少許

●軀幹基體、手腳的紙型和「兔子老董」(P.54）通用。羊毛使用單色羊毛條30Ⓗ。

〈作法〉基本流程參照P.30～34「三色貓型」。

①製作各個部件。
②把上顎、下顎接合，在接合部分加肉製作頭部。
③把頭和軀幹接合，安裝手腳。
④在全身加肉塑形。
⑤在雙下巴處加肉，戳上鼻子、耳朵、眼睛。
⑥在嘴巴裡面戳上紅色，插入牙齒。
⑦安裝尾巴。

〈實物大部件〉

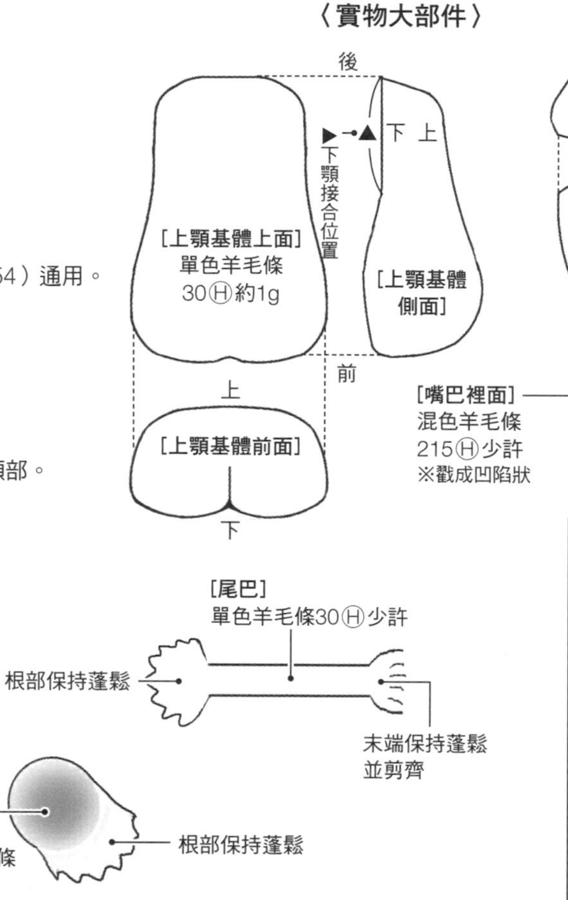

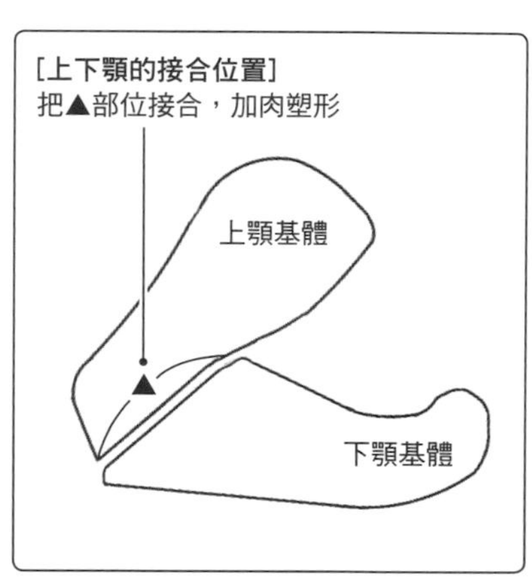

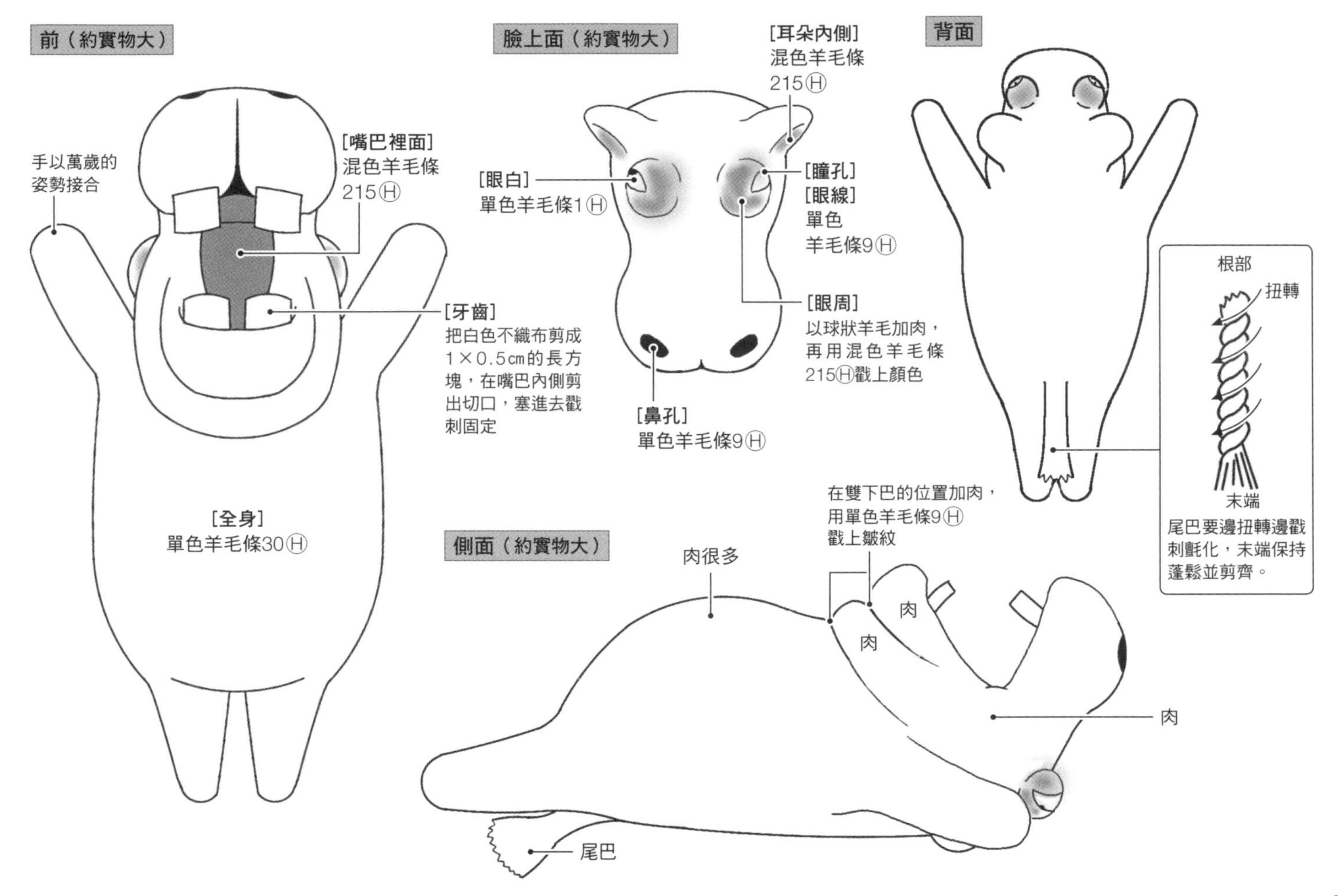

前（約實物大）
手以萬歲的
姿勢接合
[嘴巴裡面]
混色羊毛條
215Ⓗ
[牙齒]
把白色不織布剪成
1×0.5cm的長方
塊，在嘴巴內側剪
出切口，塞進去戳
刺固定
[全身]
單色羊毛條30Ⓗ
臉上面（約實物大）
[耳朵內側]
混色羊毛條
215Ⓗ
[眼白]
單色羊毛條1Ⓗ
[瞳孔]
[眼線]
單色
羊毛條9Ⓗ
[眼周]
以球狀羊毛加肉，
再用混色羊毛條
215Ⓗ戳上顏色
[鼻孔]
單色羊毛條9Ⓗ
背面
根部
扭轉
末端
尾巴要邊扭轉邊戳
刺氈化，末端保持
蓬鬆並剪齊。
側面（約實物大）
在雙下巴的位置加肉，
用單色羊毛條9Ⓗ
戳上皺紋
肉很多
肉
肉
肉
尾巴

三色貓 難易度 ★★★☆☆

〈材料〉

[羊毛] 白色11gⓈ、黑色2g、桃色少許、米色少許、
紅茶色少許（皆為Ⓡ）、混色羊毛條215少許Ⓗ

※Ⓡ→羅姆尼、Ⓢ→薩斯當、Ⓗ→Hamanaka
㊣→事先做好的混色羊毛

其他…黑色系毛根約5.5㎝、紅色系不織布少許、
細一點的魚線、直徑8㎜的鈴鐺1個、細緞帶

〈作法〉

基本流程參照P.30～34「三色貓型」。

※混色羊毛…把米色Ⓡ＋紅茶色Ⓡ以1：1混合。
→以下稱作㊣ 。

[尾巴] 黑色Ⓡ少許

末端

根部保持蓬鬆

骨架…黑色系毛根約5.5㎝
※把毛根兩端的毛稍微剪掉之後反折扭緊，調整成約3.5㎝長。

[肉球] 桃色Ⓡ少許

薄片狀

[手腳] 白色Ⓢ約0.5g

[舌頭] 紅色系不織布＋
混色羊毛條215Ⓗ

〈實物大部件〉

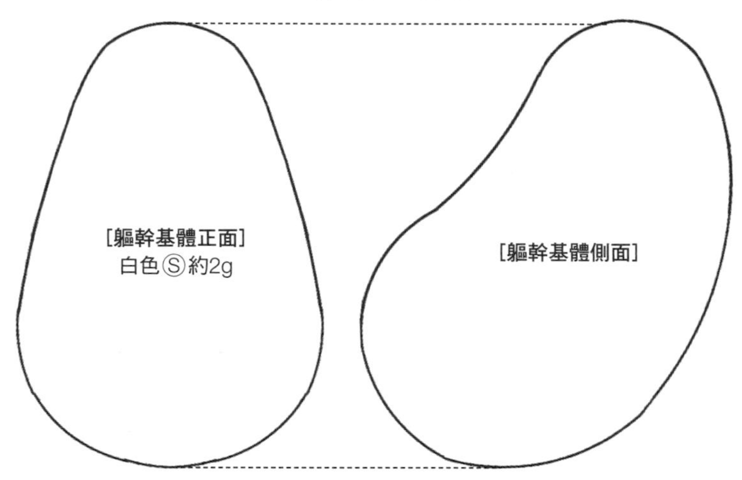

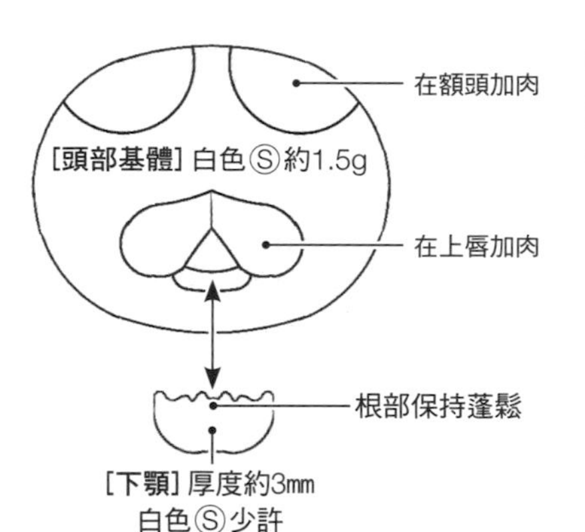

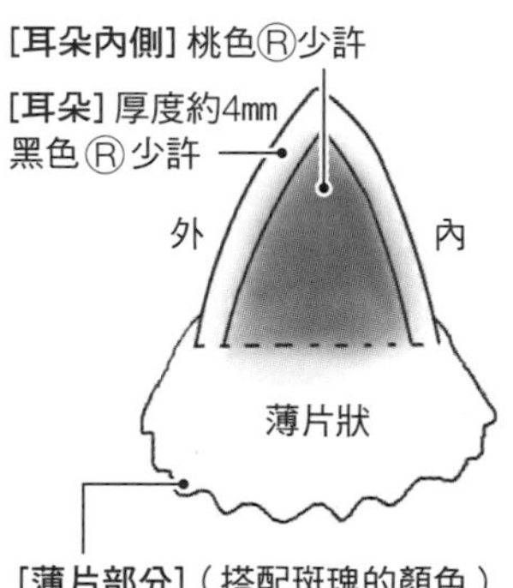

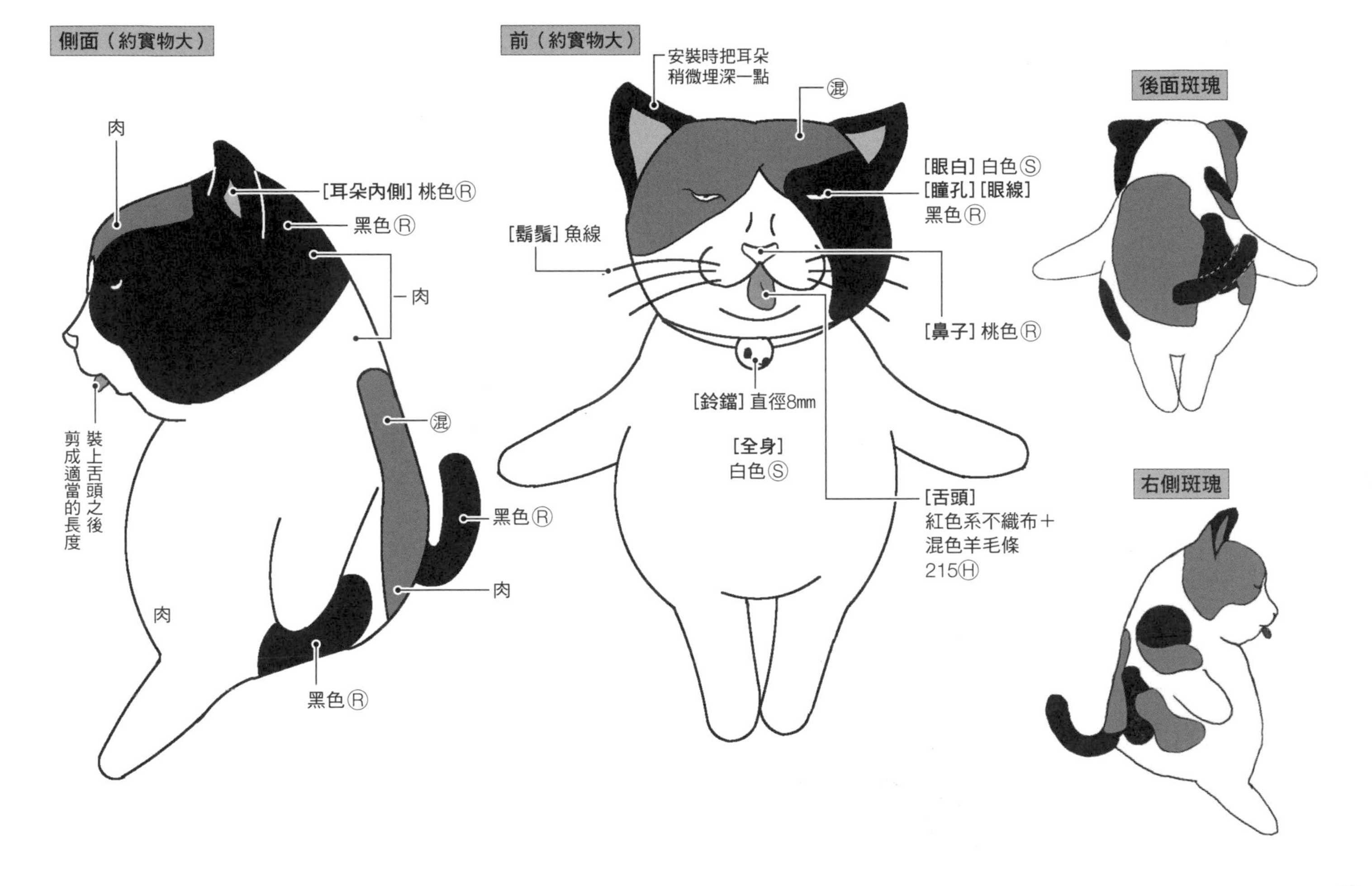
側面（約實物大）
肉
[耳朵內側] 桃色Ⓡ
黑色Ⓡ
肉
裝上舌頭之後
剪成適當的長度
混
黑色Ⓡ
肉
肉
黑色Ⓡ
前（約實物大）
安裝時把耳朵
稍微埋深一點
混
[眼白] 白色Ⓢ
[瞳孔] [眼線]
黑色Ⓡ
[鬍鬚] 魚線
[鼻子] 桃色Ⓡ
[鈴鐺] 直徑8mm
[全身]
白色Ⓢ
[舌頭]
紅色系不織布＋
混色羊毛條
215Ⓗ
後面斑塊
右側斑塊

八字臉貓 難易度 ★★★☆☆

〈材料〉

[羊毛] 白色7.5gⓈ、黑色6.5g、桃色少許（皆為Ⓡ）、
混色羊毛條215少許Ⓗ

※Ⓡ→羅姆尼、Ⓢ→薩斯當、Ⓗ→Hamanaka

其他…黑色系毛根約5.5㎝、紅色系不織布少許、細一點的魚線

〈作法・紙型〉

參考三色貓（P.68）製作。

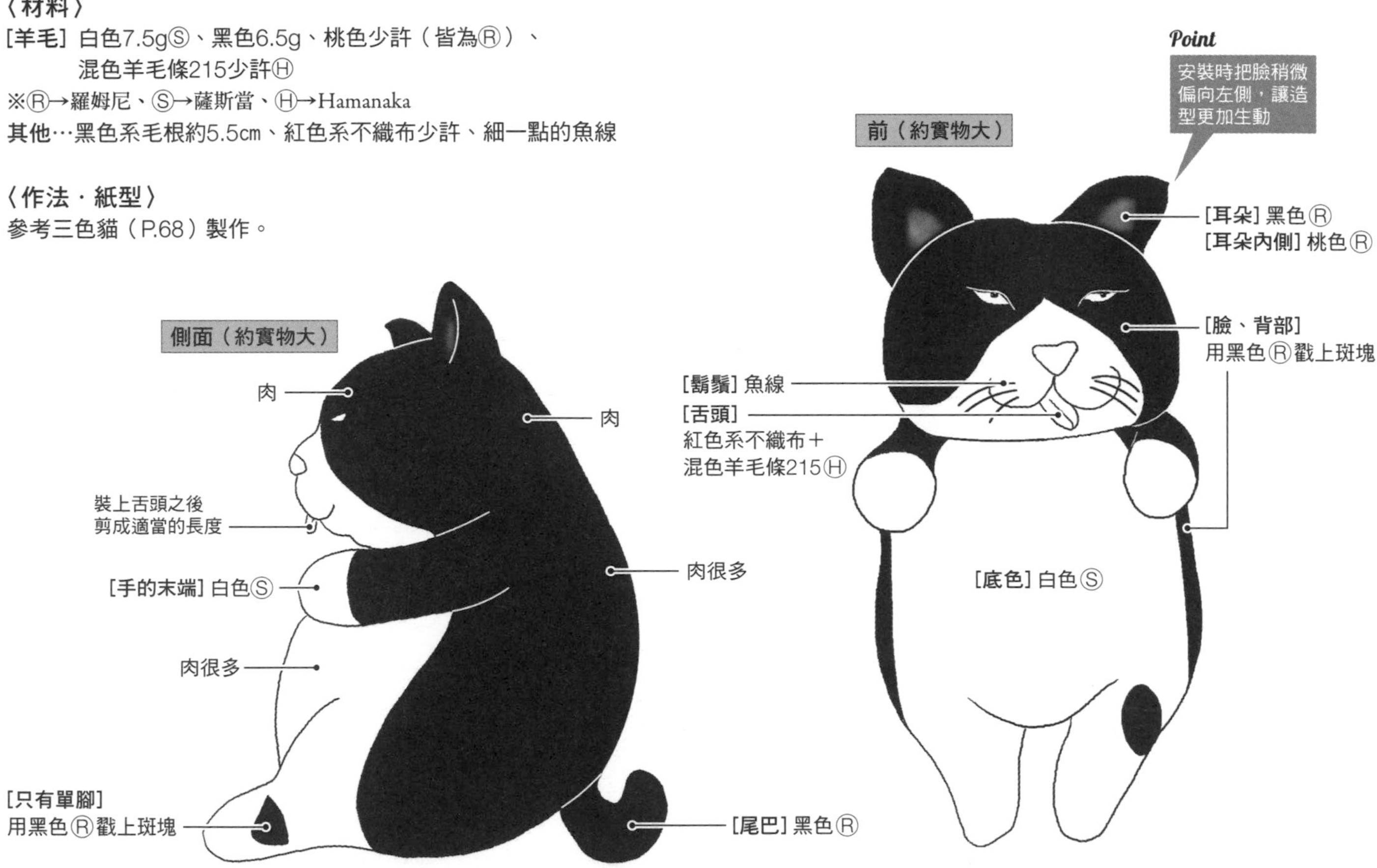

開心地製作醜萌小動物

本書的動物們是以「又醜又萌」為概念，
所以用不著在意左右不對稱或毛髮不平順等問題。
即使手部安裝得搖搖欲墜，也可以當成恐怖作品來欣賞。
重點在於整體的「韻味」，這也是創作出愉快作品的基本要素。
因此無須堅持「完美漂亮」，慢條斯理地照著自己的步調製作就行了。
另外，戳刺的聲音也有抒解壓力的作用，請好好體驗這種感覺並開心地完成作品。

戳針的使用方法

戳針的尖端構造十分纖細脆弱。在戳入羊毛的狀態下彎曲或扭轉的話，戳針很可能會折斷在羊毛當中，所以操作時必須小心，下針之後一定要順著同一個方向拔出。
萬一折斷在羊毛當中的話，請用尖頭的剪刀在折斷的戳針旁邊剪出切口，把尖端拔出，然後在切口處戳上羊毛以修飾平整。

Point

下針之後要順著同一個方向拔出

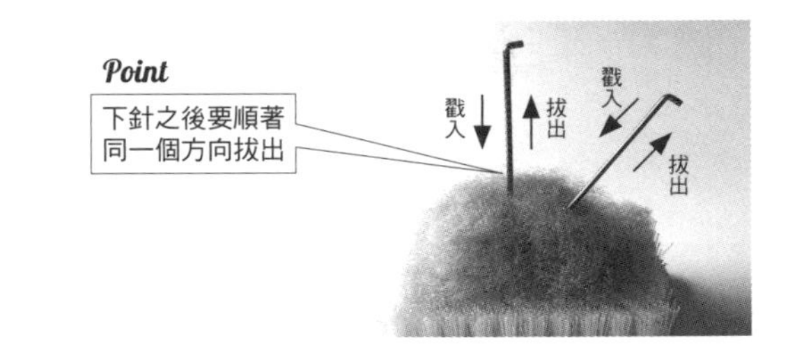

塑形的重點

羊毛會隨著戳針的戳刺而逐漸變形。感覺形狀或大小不對的時候，可用剪刀修剪或補充羊毛來調整成喜歡的造型。

Point

用剪刀修剪或補充羊毛來調整

勝利組無尾熊一家 難易度 ★★☆☆☆

〈材料〉

[羊毛] 灰色12g、黑色少許、膚色少許（皆為Ⓡ）、白色1gⓈ

※Ⓡ→羅姆尼、Ⓢ→薩斯當、Ⓗ→Hamanaka

〈作法〉

基本流程參照P.35～37「無尾熊型」。

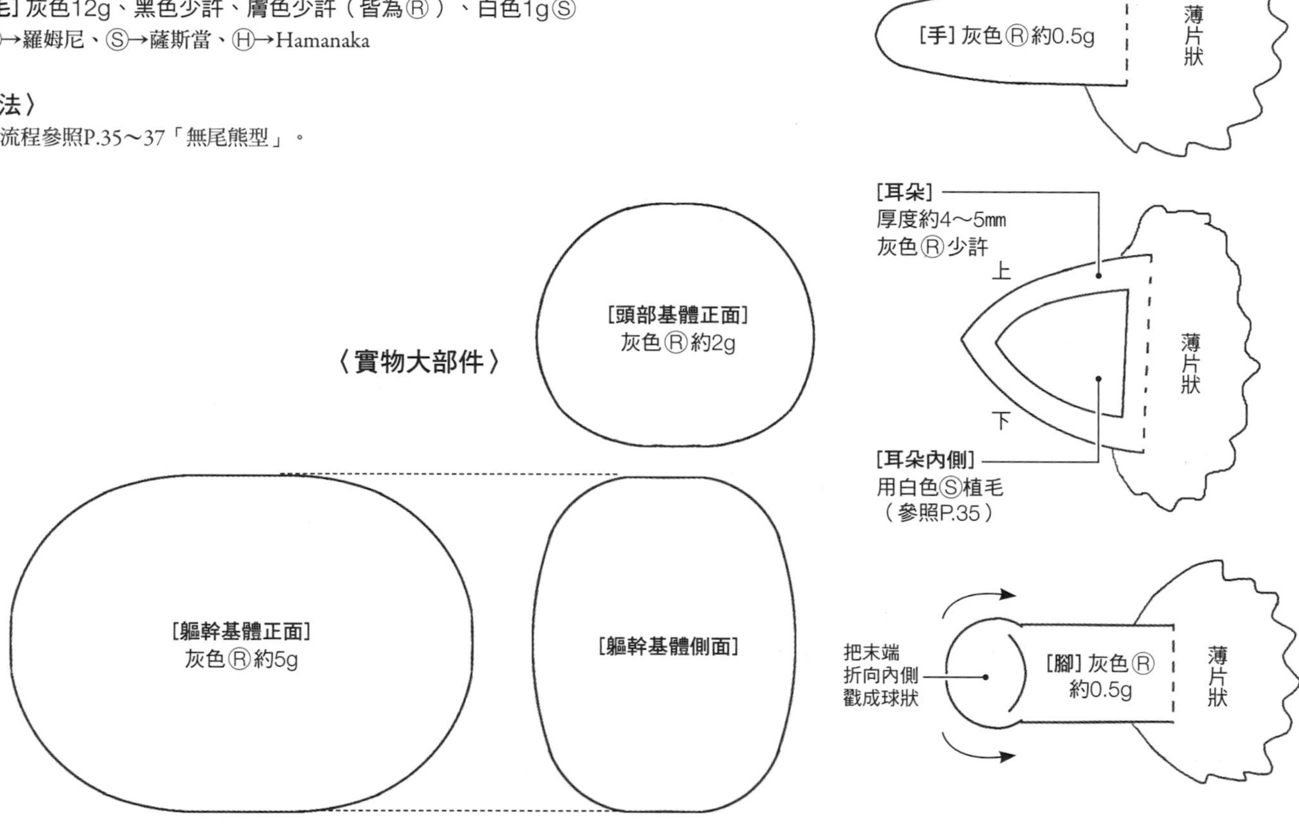

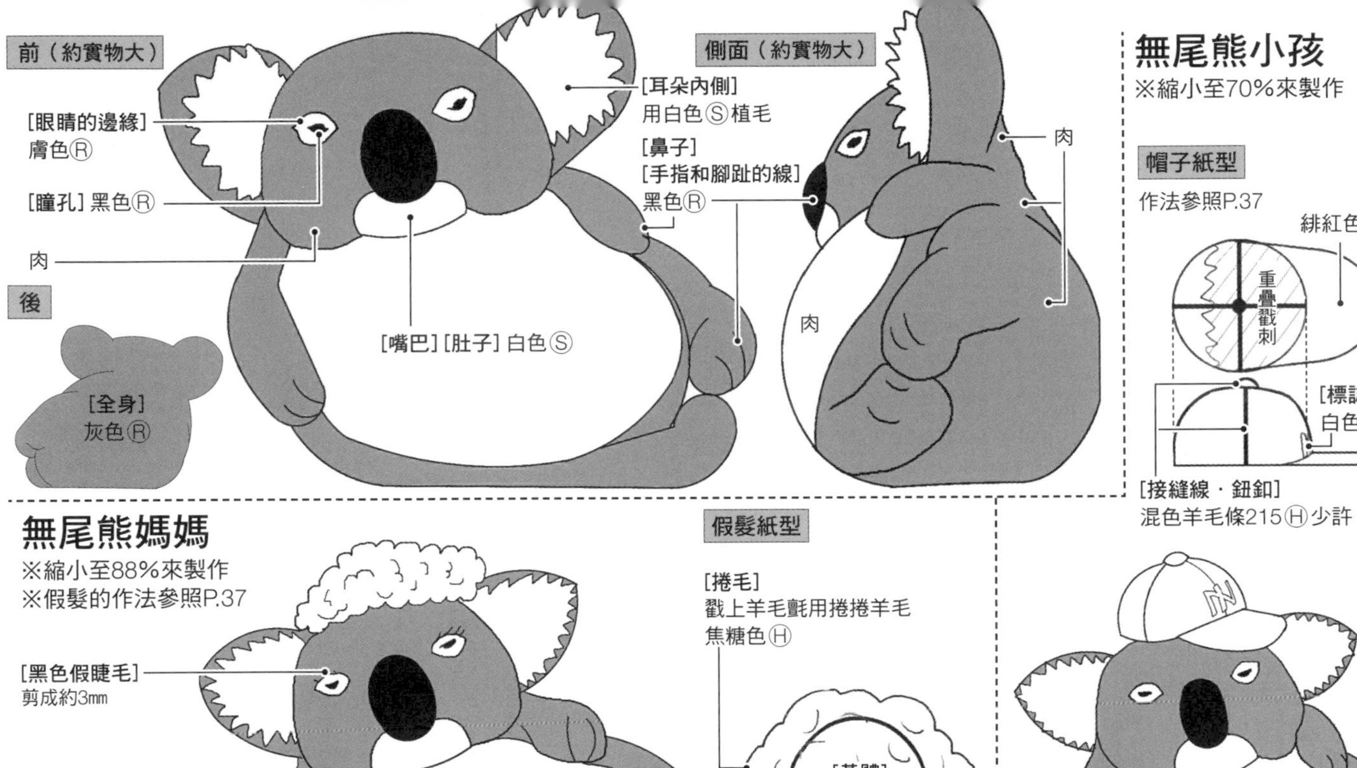

無尾熊小孩

※縮小至70%來製作

帽子紙型

作法參照P.37

緋紅色Ⓡ少許

重疊戳刺

[標誌]
白色Ⓢ少許

[接縫線・鈕釦]
混色羊毛條215Ⓗ少許

無尾熊媽媽

※縮小至88%來製作
※假髮的作法參照P.37

[黑色假睫毛]
剪成約3mm

假髮紙型

[捲毛]
戳上羊毛氈用捲捲羊毛
焦糖色Ⓗ

落敗組水牛夫婦 難易度 ★★★☆☆

〈材料〉

[羊毛] 黑色12gⓇ、天然混合羊毛條805…2gⒽ、白色少許Ⓢ

※Ⓡ→羅姆尼、Ⓢ→薩斯當、Ⓗ→Hamanaka

㊂→事先做好的混色羊毛

其他…白色系毛根約9cm

●軀幹基體紙型和「無尾熊」(P.72)通用。羊毛使用黑色Ⓡ。

〈作法〉基本流程參照P.35～37「無尾熊型」。

①製作混色羊毛。

把極少量的黑色Ⓡ＋天然混合羊毛條805Ⓗ以1：1混合。

→以下稱作㊂。

②製作各個部件。

③把頭和軀幹接合。

④在後頭部加肉，安裝耳朵。

⑤安裝角，製作鼻子、嘴巴、眼睛。

⑥安裝手腳之後加肉塑形。

⑦安裝尾巴。

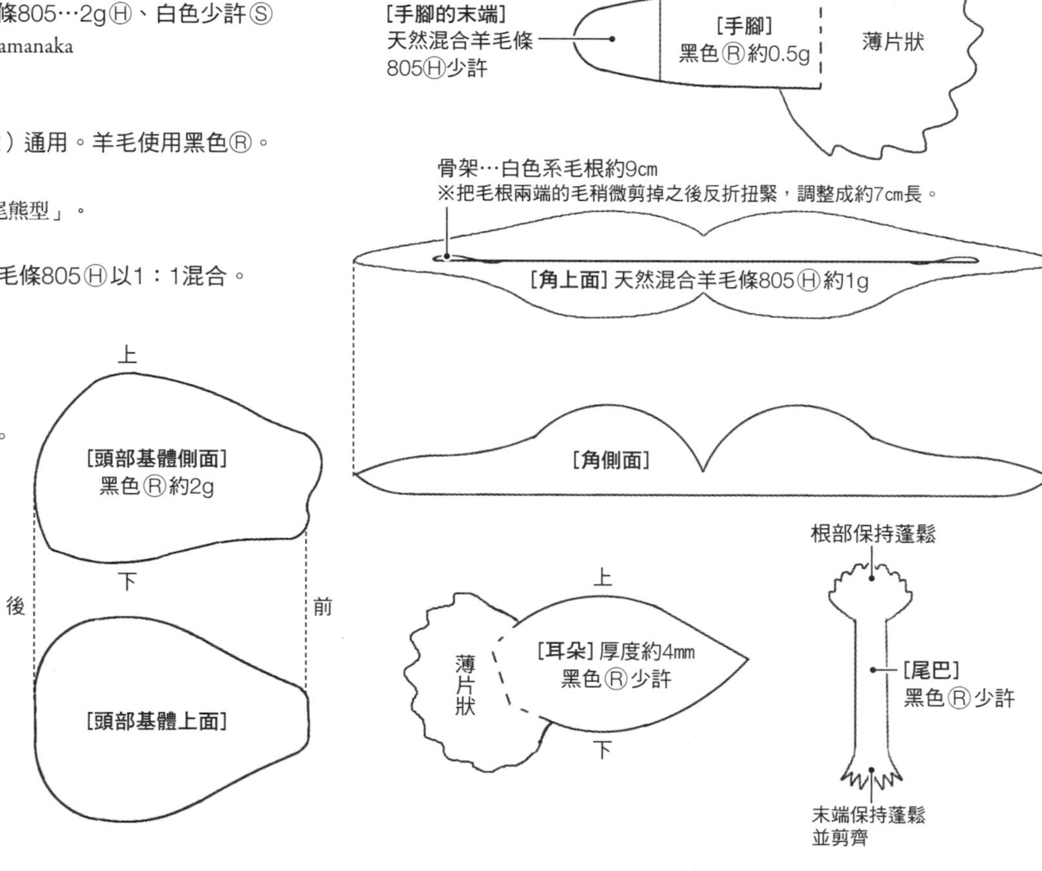

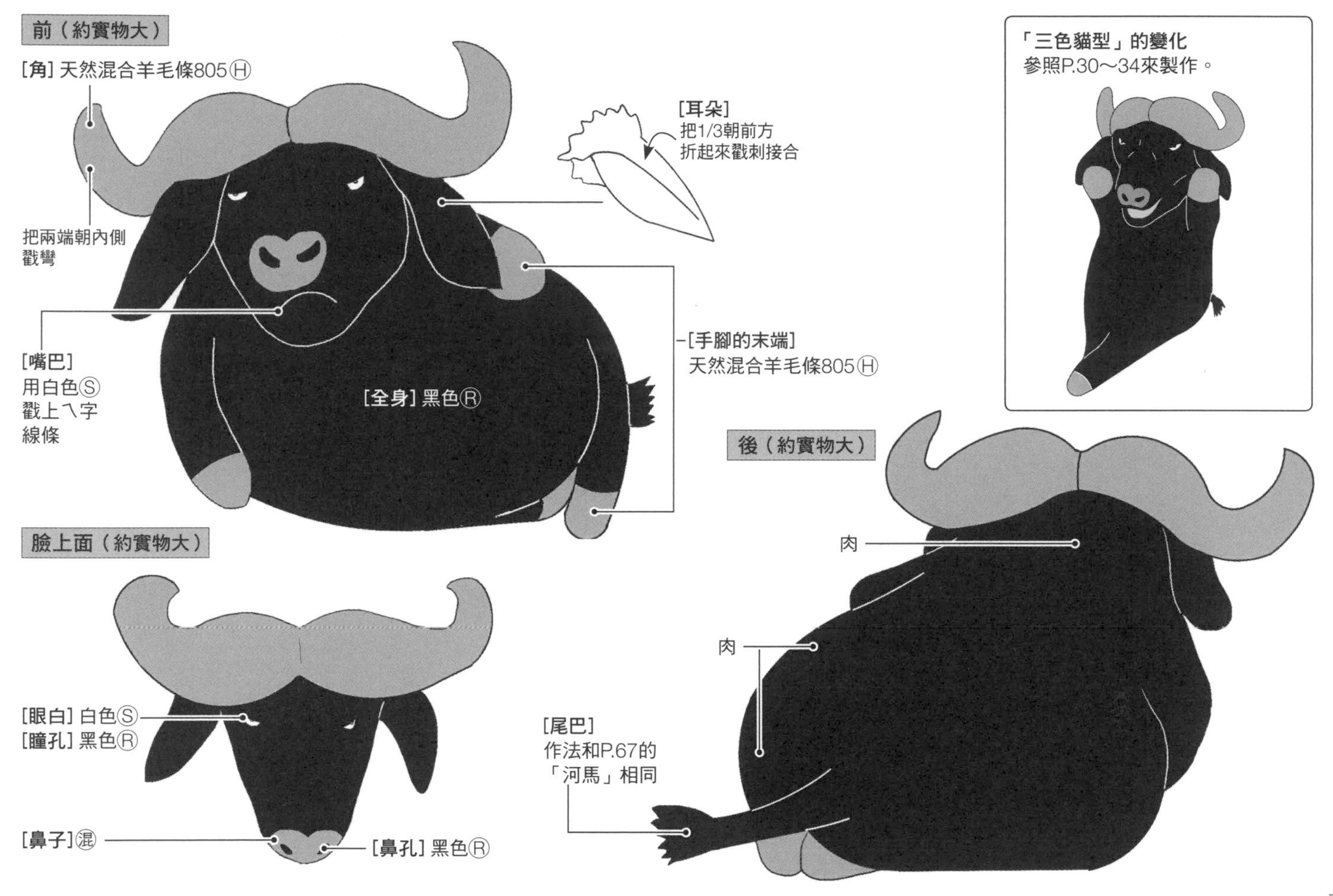
前（約實物大）
[角] 天然混合羊毛條805Ⓗ
把兩端朝內側
戳彎
[耳朵]
把1/3朝前方
折起來戳刺接合
[嘴巴]
用白色Ⓢ
戳上ㄟ字
線條
[全身] 黑色Ⓡ
[手腳的末端]
天然混合羊毛條805Ⓗ
「三色貓型」的變化
參照P.30～34來製作。
臉上面（約實物大）
[眼白] 白色Ⓢ
[瞳孔] 黑色Ⓡ
[鼻子]㊨
[鼻孔] 黑色Ⓡ
後（約實物大）
肉
肉
[尾巴]
作法和P.67的
「河馬」相同

聖伯納犬 難易度 ★★★☆☆

〈材料〉

[羊毛] 白色12gⓈ、巧克力色1g、紅茶色2g、黑色少許（皆為Ⓡ）
※Ⓡ→羅姆尼、Ⓢ→薩斯當、㊔→事先做好的混色羊毛
●軀幹基體、手腳的紙型和「無尾熊」（P.72）通用。
羊毛使用白色Ⓢ。

〈作法〉基本流程參照P.35～37「無尾熊型」。

①製作混色羊毛。 把巧克力色Ⓡ＋紅茶色Ⓡ以1：1混合。
→以下稱作㊔。
②製作各個部件。
③在臉部加肉，安裝下顎。臉頰加肉順序和P.51「鬥牛犬」①～④相同。鼻子不必戳扁。
④把頭和軀幹接合。
⑤在後頭部加肉。
⑥在臉部戳上斑塊，安裝耳朵。
⑦製作鼻子、嘴巴，在鼻子下方戳上淡淡的顏色。
⑧在眼周部位戳上熊貓斑，再戳上眼睛。
⑨安裝手腳之後加肉塑形。
⑩安裝尾巴，在身體戳上斑塊。

〈實物大部件〉

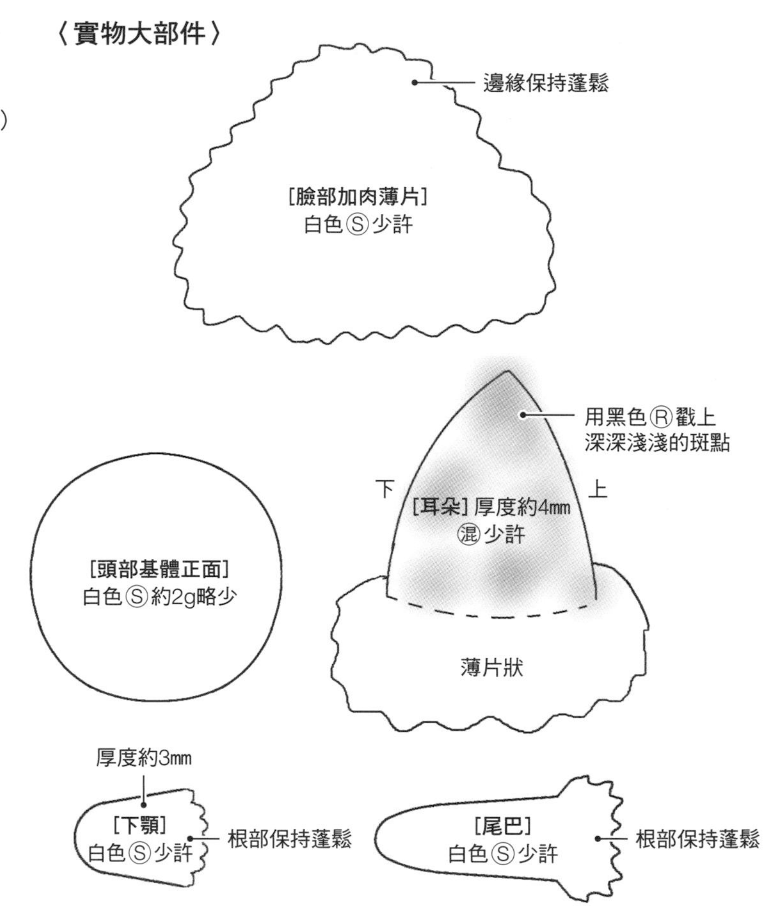

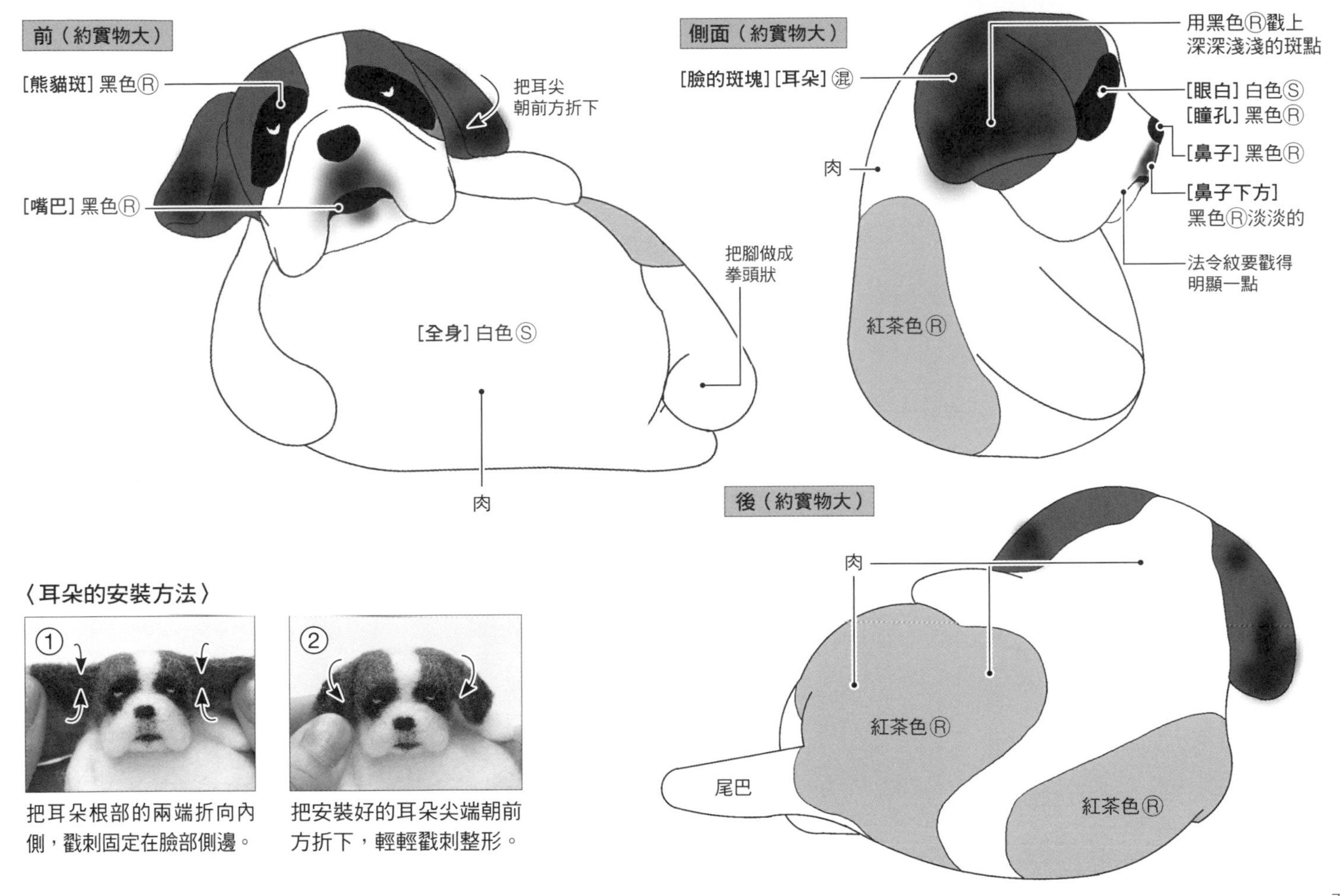
前（約實物大）
[熊貓斑] 黑色Ⓡ
把耳尖
朝前方折下
[嘴巴] 黑色Ⓡ
把腳做成
拳頭狀
[全身] 白色Ⓢ
肉
側面（約實物大）
用黑色Ⓡ戳上
深深淺淺的斑點
[臉的斑塊] [耳朵] ㊂
[眼白] 白色Ⓢ
[瞳孔] 黑色Ⓡ
[鼻子] 黑色Ⓡ
肉
[鼻子下方]
黑色Ⓡ淡淡的
法令紋要戳得
明顯一點
紅茶色Ⓡ
後（約實物大）
肉
紅茶色Ⓡ
尾巴
紅茶色Ⓡ
〈耳朵的安裝方法〉
①
②
把耳朵根部的兩端折向內側，戳刺固定在臉部側邊。
把安裝好的耳朵尖端朝前方折下，輕輕戳刺整形。

流氓馬來熊 難易度 ★★★★☆

〈材料〉

[羊毛] 黑色12g、膚色1g、桃色少許（皆為Ⓡ）、白色少許Ⓢ、
混色羊毛條215少許Ⓗ

※Ⓡ→羅姆尼、Ⓢ→薩斯當、Ⓗ→Hamanaka
㊂→事先做好的混色羊毛

其他…紅色系不織布少許

〈作法〉基本流程參照P.38～40「馬來熊型」。

※混色羊毛…把極少量的黑色Ⓡ＋桃色Ⓡ以1：1混合。
→以下稱作㊂。

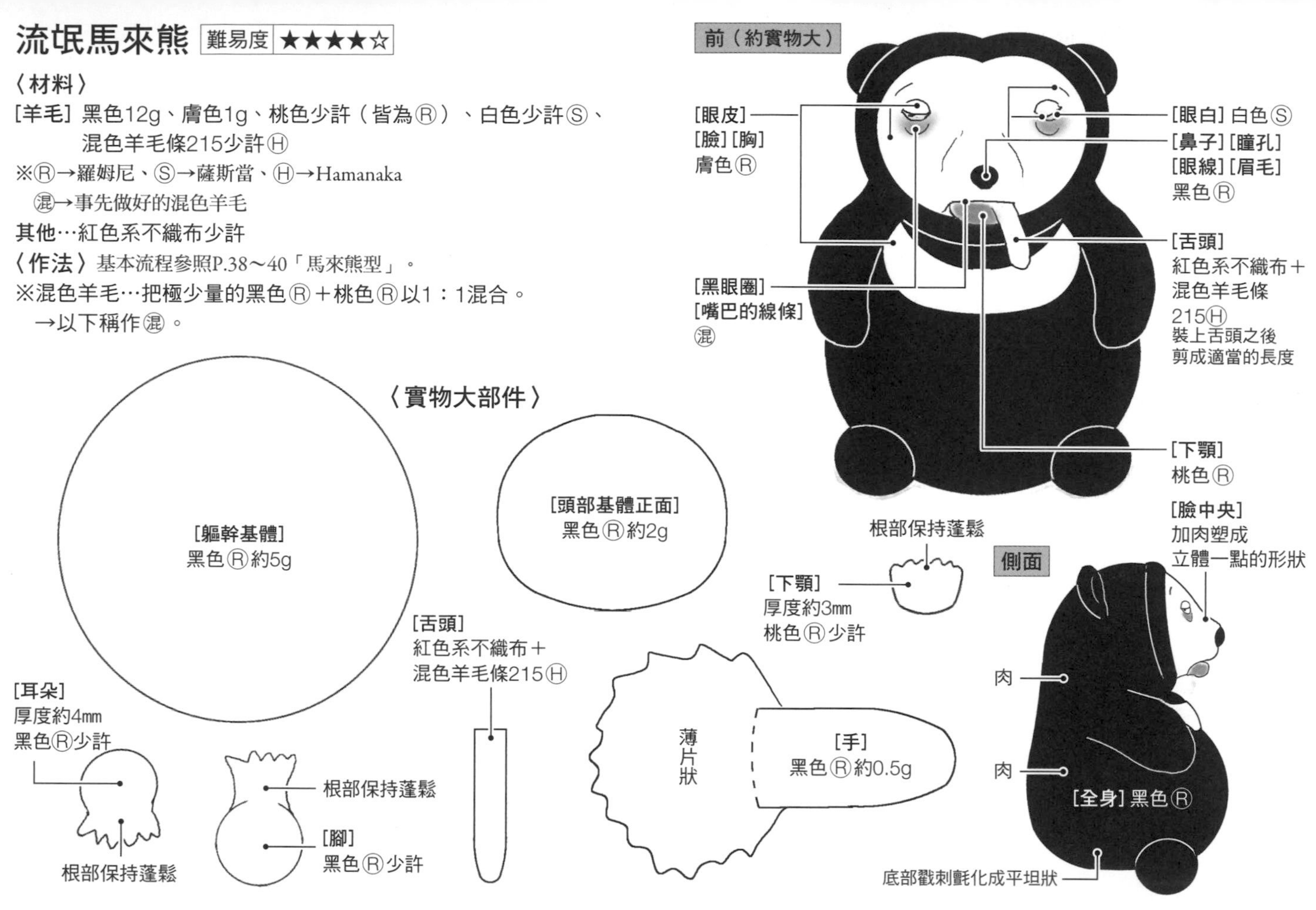

小混混熊貓 難易度 ★★★☆☆

〈材料〉

[羊毛] 白色10gⓈ、黑色3gⓇ、混色羊毛條215少許、
天然混合羊毛條805少許（皆為Ⓗ）

※Ⓡ→羅姆尼、Ⓢ→薩斯當、Ⓗ→Hamanaka

其他…紅色系不織布少許

●軀幹基體、手腳的紙型和「馬來熊」（P.78）通用。
羊毛使用[軀幹]…白色Ⓢ、[手][腳]…黑色Ⓡ。

〈作法〉

基本流程參照P.38～40「馬來熊型」。

①製作各個部件。
②把頭和軀幹接合。
③在臉、後頭部加肉，安裝耳朵。
④在眼周部分戳上斑塊，製作鼻子、
嘴巴、眼睛。
⑤安裝手之後在背部加肉，並在胸部
用黑色Ⓡ戳上線條。
⑥安裝腳和尾巴。
⑦安裝舌頭（安裝方法參照P.33）。

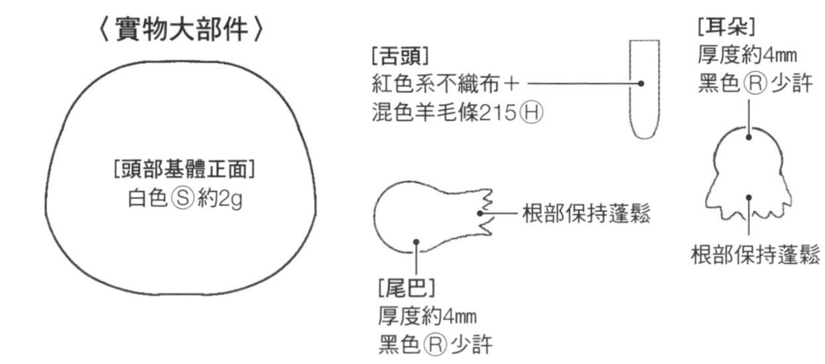

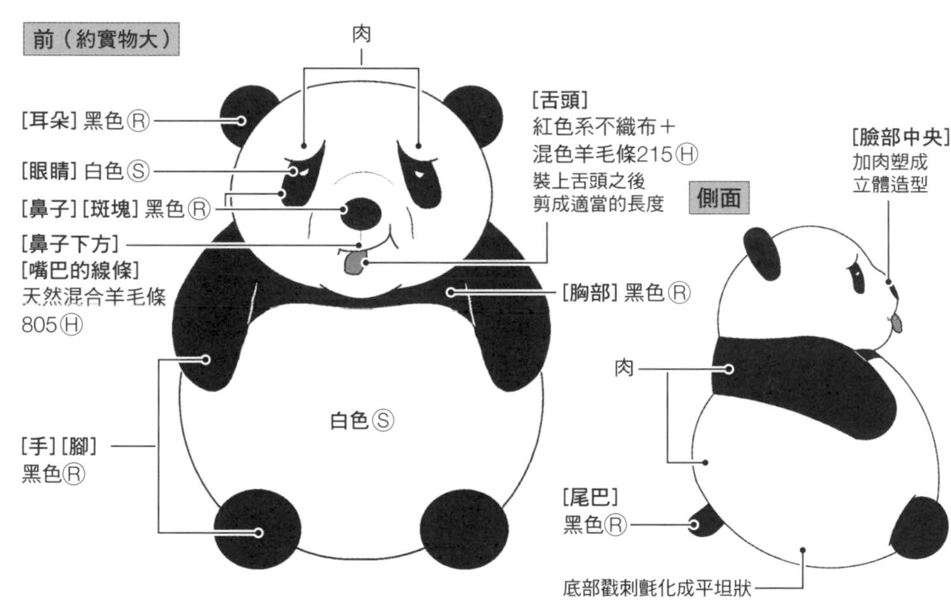

幹練的招財貓（白貓） 難易度 ★★☆☆☆

●臉部作法參照「三色貓型（三色貓）」（P.30）來製作。

〈材料〉

[羊毛] 白色12.5gⓈ、桃色少許、黑色少許（皆為Ⓡ）、
混色羊毛條215少許Ⓗ

※Ⓡ→羅姆尼、Ⓢ→薩斯當、Ⓗ→Hamanaka

其他…白色系毛根約5.5cm、紅色系不織布少許、
細一點的魚線

〈作法〉基本流程參照P.38～40「馬來熊型」。

①製作各個部件。
②把頭和軀幹接合。
③在臉部加肉，安裝耳朵。
④在後頭部、脖子、背部加肉。
⑤製作鼻子、嘴巴、眼睛。
⑥安裝手腳，在背部加肉塑形。
⑦安裝舌頭，穿上魚線作為鬍鬚。
⑧安裝尾巴。

〈實物大部件〉

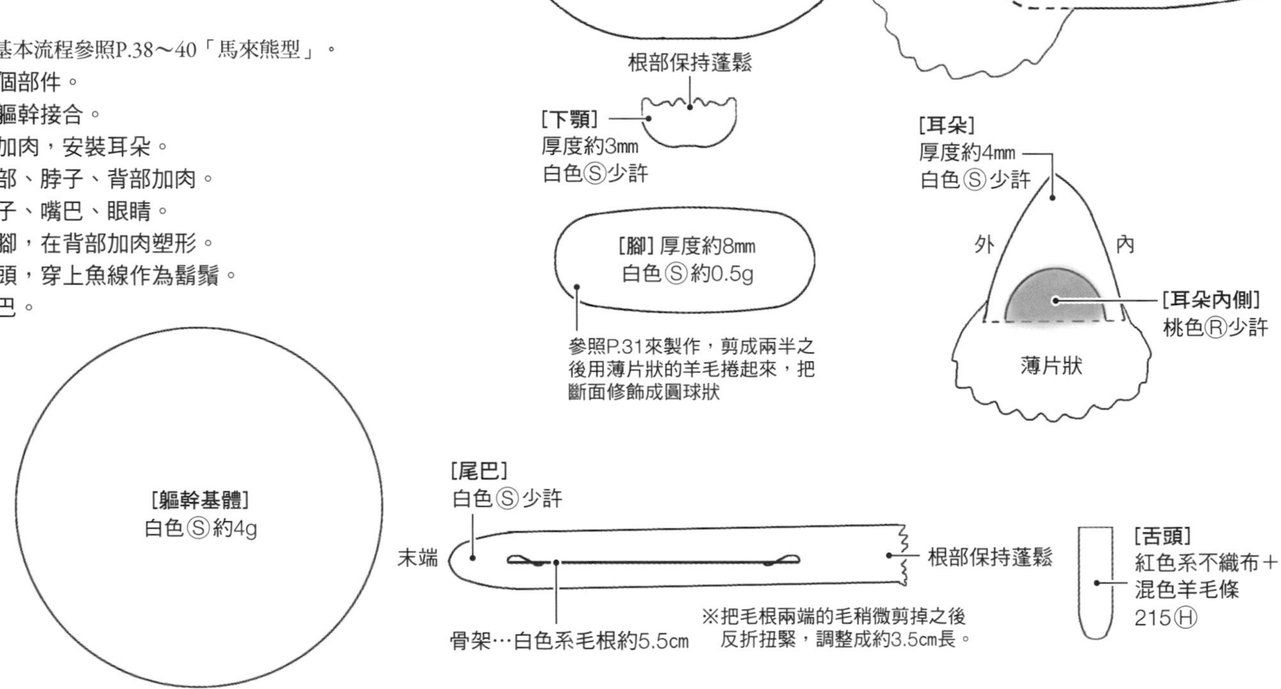

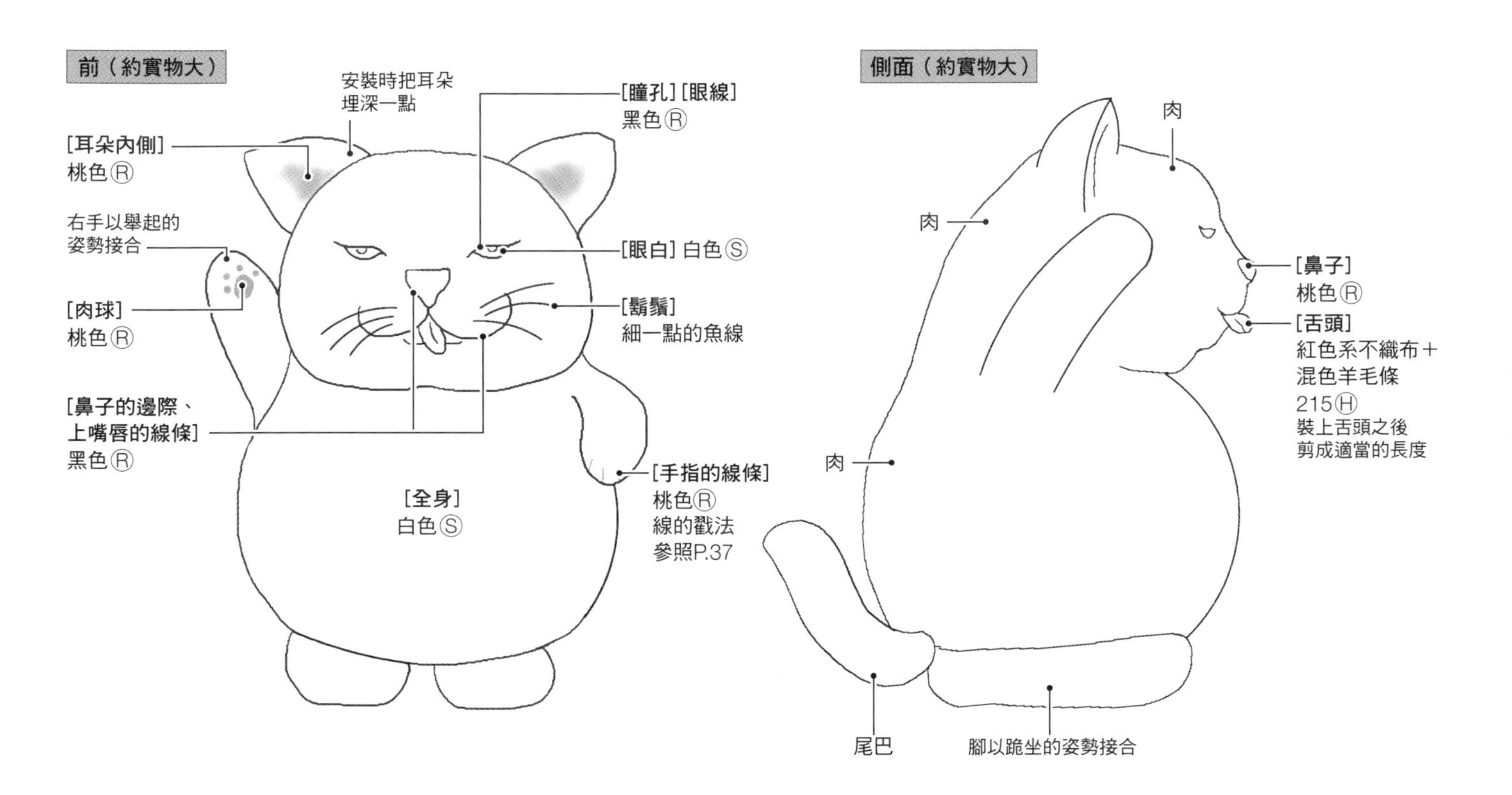
前（約實物大）
安裝時把耳朵
埋深一點
[耳朵內側]
桃色Ⓡ
[瞳孔][眼線]
黑色Ⓡ
右手以舉起的
姿勢接合
[眼白]白色Ⓢ
[肉球]
桃色Ⓡ
[鬍鬚]
細一點的魚線
[鼻子的邊際、
上嘴唇的線條]
黑色Ⓡ
[手指的線條]
桃色Ⓡ
線的戳法
參照P.37
[全身]
白色Ⓢ
側面（約實物大）
肉
肉
[鼻子]
桃色Ⓡ
[舌頭]
紅色系不織布＋
混色羊毛條
215Ⓗ
裝上舌頭之後
剪成適當的長度
肉
尾巴
腳以跪坐的姿勢接合

棕熊上班族

難易度	★★★☆☆

〈材料〉

[羊毛] 單色羊毛條41…12g、
單色羊毛條1…少許、
單色羊毛條9…少許（皆為Ⓗ）

※Ⓗ→Hamanaka、㊂→事先做好的混色羊毛

〈作法〉 基本流程參照P.38～40「馬來熊型」。

①製作混色羊毛。把極少量的單色羊毛條41Ⓗ＋單色羊毛條1 Ⓗ以1：1混合。
→以下稱作㊂。

②製作各個部件。

③把頭和軀幹接合。

④在臉、額頭、後頭部加肉，安裝耳朵。

⑤在嘴巴周圍戳上㊂，製作鼻子、嘴巴、眼睛、眉間的皺紋。

⑥製作雙下巴。

⑦安裝手，在背部加肉。

⑧安裝腳和尾巴。

紙型

●軀幹基體、頭部基體、手、腳的紙型和「馬來熊」（P.78）通用。
羊毛使用單色羊毛條41Ⓗ。

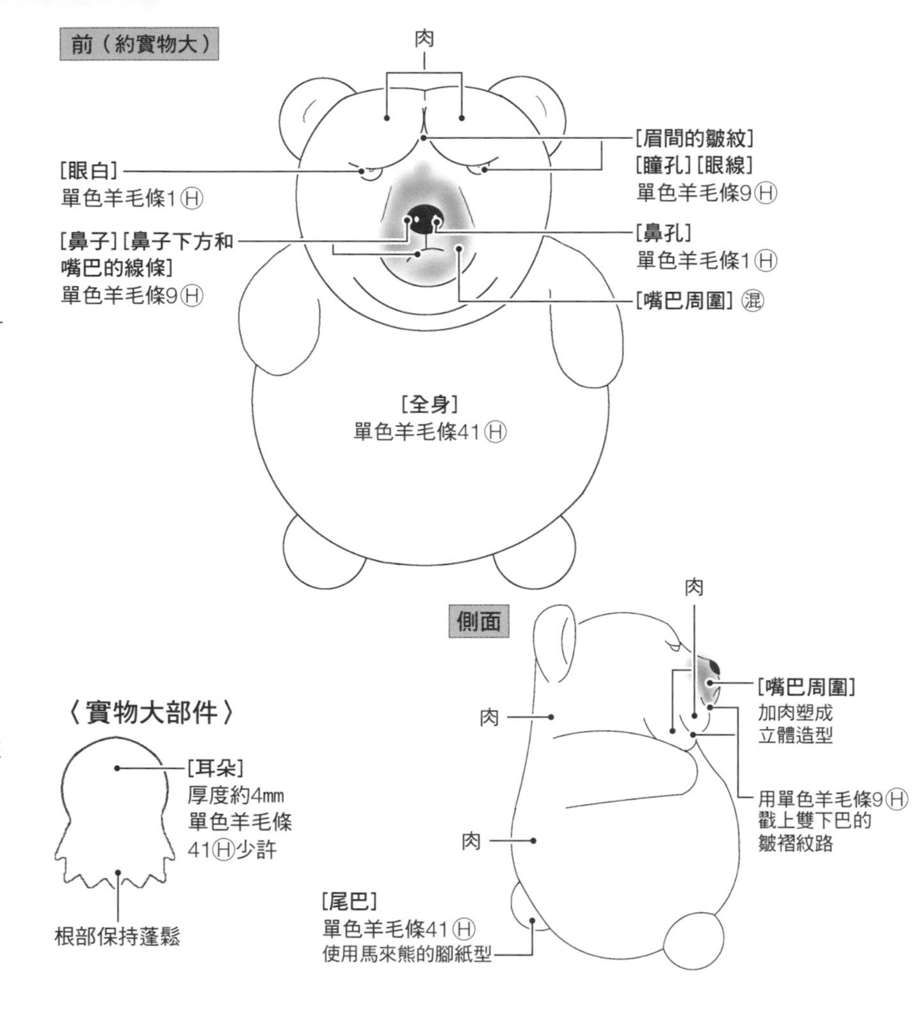

老鼠肉鋪的烏林鴞 難易度 ★★★★★

〈材料〉

[羊毛] 淺色10g、中間色5g、嫩黃色少許、橙黃色少許、黑色少許、
深色少許（皆為Ⓡ） 白色少許Ⓢ、天然混合羊毛條805少許Ⓗ

※Ⓡ→羅姆尼、Ⓢ→薩斯當、Ⓗ→Hamanaka
㊊→事先做好的混色羊毛

〈作法〉

基本流程參照P.41～44「貓頭鷹型」。

※混色羊毛…把極少量的嫩黃色Ⓡ＋橙黃色Ⓡ以1：1混合。
→以下稱作㊊。

臉的斑瑰

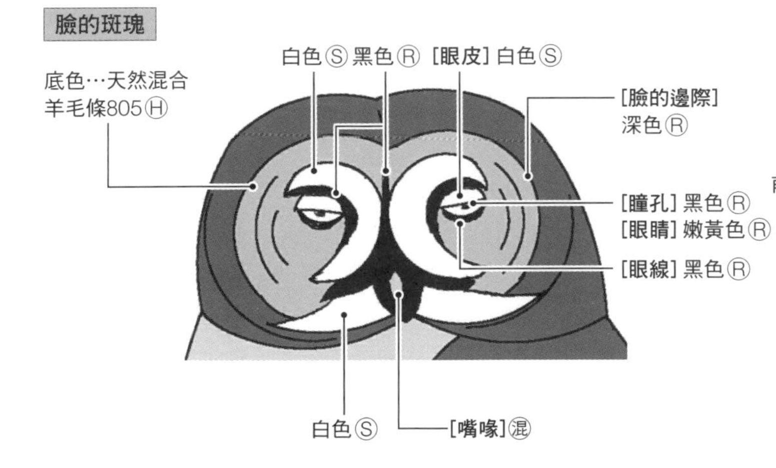

〈實物大部件〉

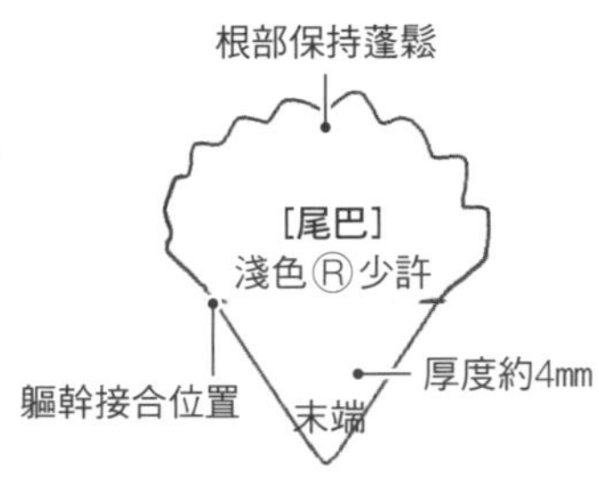

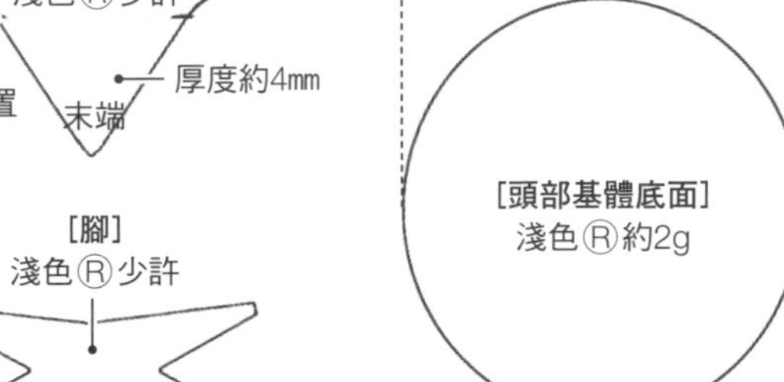

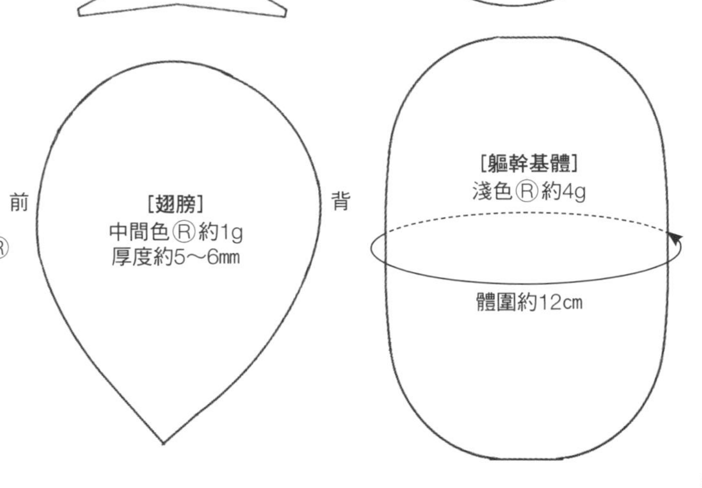

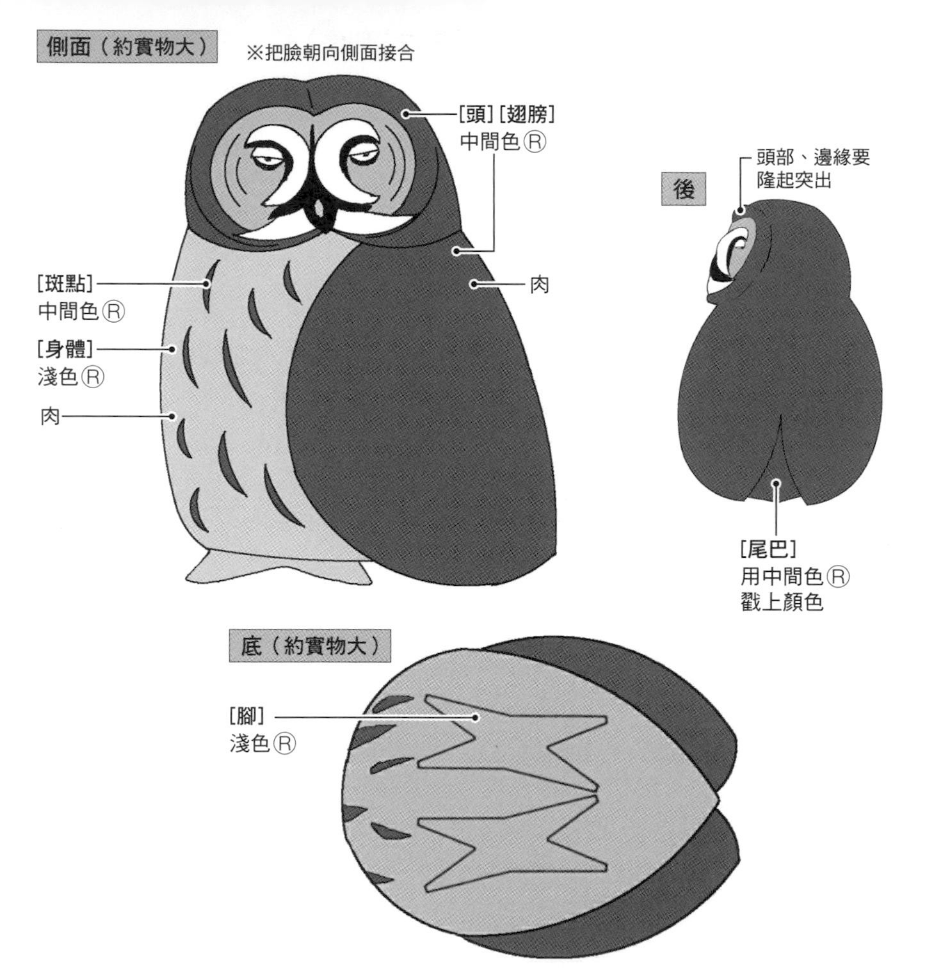

雪鴞主廚

難易度	★★☆☆☆

〈材料〉

[羊毛] 白色10.5gⓈ、檸檬色少許、
黑色少許（皆為Ⓡ）

〈作法・紙型〉

和P.83烏林鴞通用。把尺寸做得略小一點。
※把臉朝向正面接合。

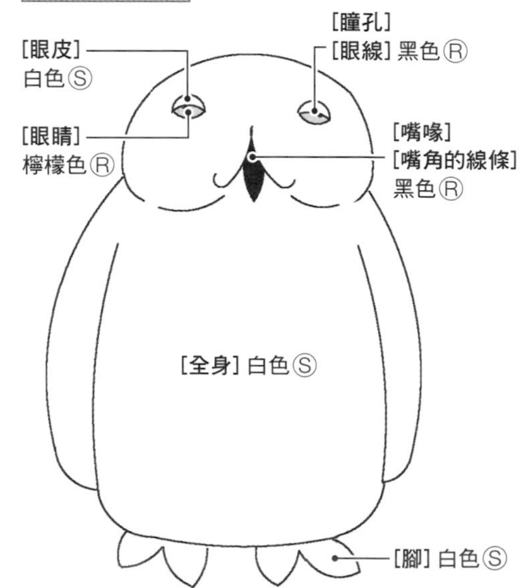

發怒的跳岩企鵝 難易度 ★★★☆☆

〈材料〉

[羊毛] 黑色6g、桃色少許、嫩黃色少許（皆為Ⓡ）、
白色6gⓈ、混色羊毛條206少許Ⓗ

※Ⓡ→羅姆尼、Ⓢ→薩斯當、Ⓗ→Hamanaka

〈作法〉基本流程參照P.41～44「貓頭鷹型」。

①製作各個部件。
②在軀幹加肉，把頭部接合。
③安裝尾巴之後在背部加肉。
④安裝手，加肉塑形。
⑤安裝嘴喙，在臉頰、後頭部加肉。
⑥安裝冠毛，戳上眼睛、嘴喙的線條。
⑦安裝腳。

※腳的作法參照P.42
※嘴喙的作法參照P.46

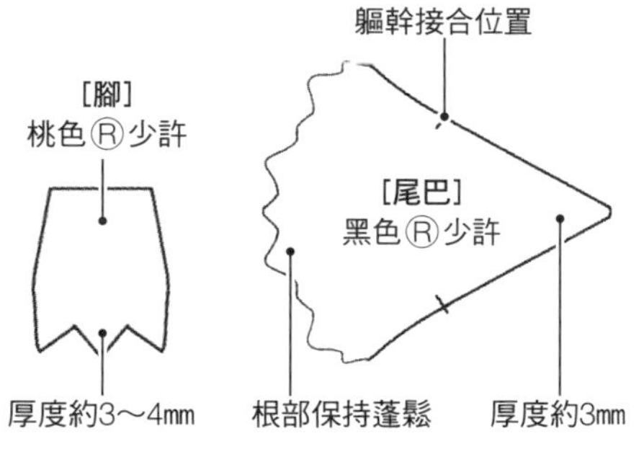

〈實物大部件〉

[軀幹基體]
白色Ⓢ約3g

體圍
跳岩企鵝約11cm
阿德利企鵝約9cm

[頭部基體側面]

[頭部基體底面]
黑色Ⓡ約1g
前 後

[嘴喙側面]
混色羊毛條
206Ⓗ少許
上
下
後 前
[嘴喙上面]

薄片狀

[手上面]
黑色Ⓡ
約0.5g略多
前 後

[手側面]
正面 背面

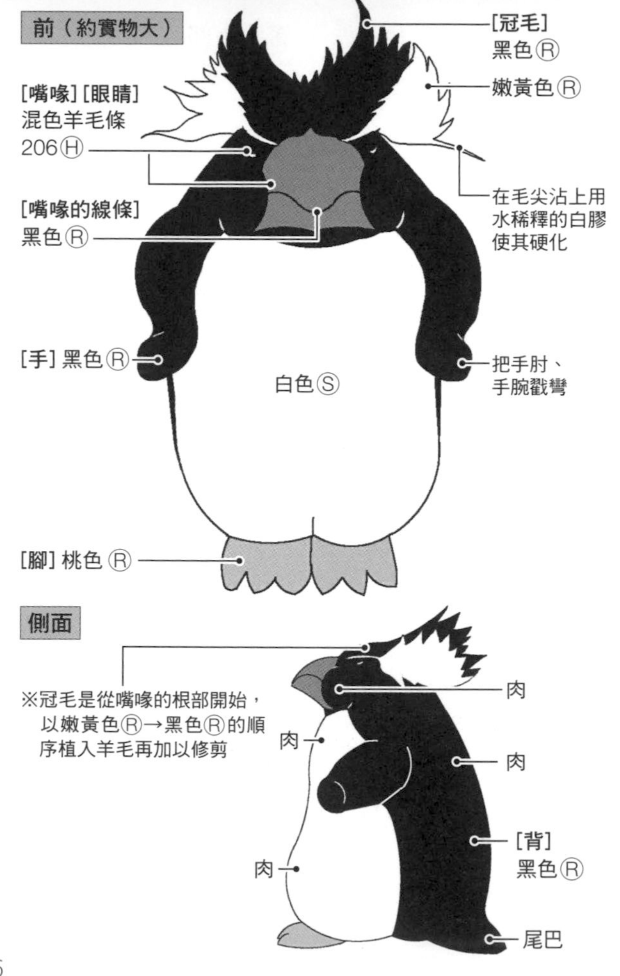

恍神的阿德利企鵝

難易度 ★★★☆☆

〈材料〉

[羊毛] 黑色6g、桃色少許（皆為Ⓡ）、白色6gⓈ、
混色羊毛條206少許Ⓗ

其他…彩色染料DYE（筆型）顏色／黑色

〈作法・紙型〉

參考跳岩企鵝，把尺寸做得略小一點。

黃昏花魁鳥 難易度 ★★★★☆

〈材料〉

[羊毛] 黑色12g、橙黃色1g、緋紅色1g、嫩黃色1g、米色1g（皆為Ⓡ）、白色2gⓈ、天然混合羊毛條805少許Ⓗ

※Ⓡ→羅姆尼、Ⓢ→薩斯當、Ⓗ→Hamanaka、㊣→事先做好的混色羊毛

其他…橘色系不織布少許

●軀幹基體、頭部基體、翅膀的紙型和「麻雀」（P.88）通用。羊毛使用黑色Ⓡ。

〈作法〉基本流程參照P.45～48「麻雀型」。

①製作混色羊毛。把橙黃色Ⓡ＋緋紅色Ⓡ以1：1混合。
→以下稱作混A。
把白色Ⓢ＋嫩黃色Ⓡ＋米色Ⓡ以1：1：1混合。
→以下稱作混B。

②製作各個部件。

③把頭和軀幹接合，加肉。

④安裝翅膀，在背部加肉。

⑤安裝嘴喙，在臉部戳上白色羊毛。

⑥戳上鼻子、嘴角、眼睛，並植入冠毛。

⑦安裝腳。

※腳、嘴喙的作法參照P.46

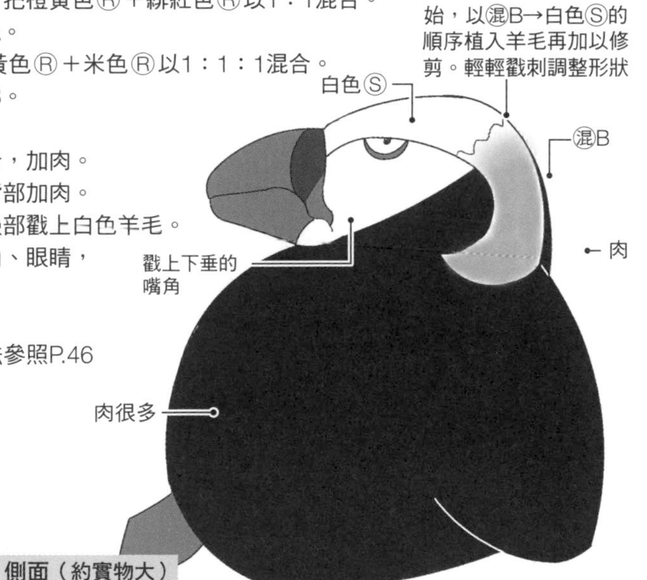

側面（約實物大）

〈實物大部件〉

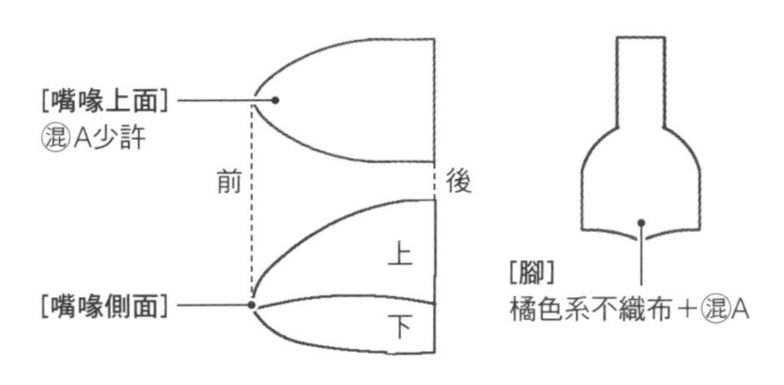

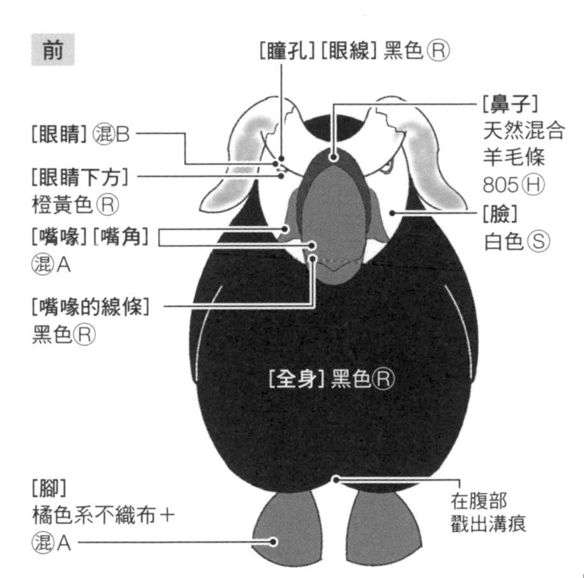

黃昏麻雀 難易度 ★★★★☆

〈材料〉

[羊毛] 淺色10g、米色少許、黑色1g、檸檬色1g、灰色少許（皆為Ⓡ）、
白色1gⓈ、單色羊毛條41…4gⒽ

※Ⓡ→羅姆尼、Ⓢ→薩斯當、Ⓗ→Hamanaka、㊂→事先做好的混色羊毛

其他…膚色系不織布少許

〈作法〉

基本流程參照P.45～48「麻雀型」。

※混色羊毛…

把檸檬色Ⓡ＋單色羊毛條41Ⓗ以1：4混合。→以下稱作㊂A。

把極少量的白色Ⓢ和黑色Ⓡ以1：1混合。→以下稱作㊂B。

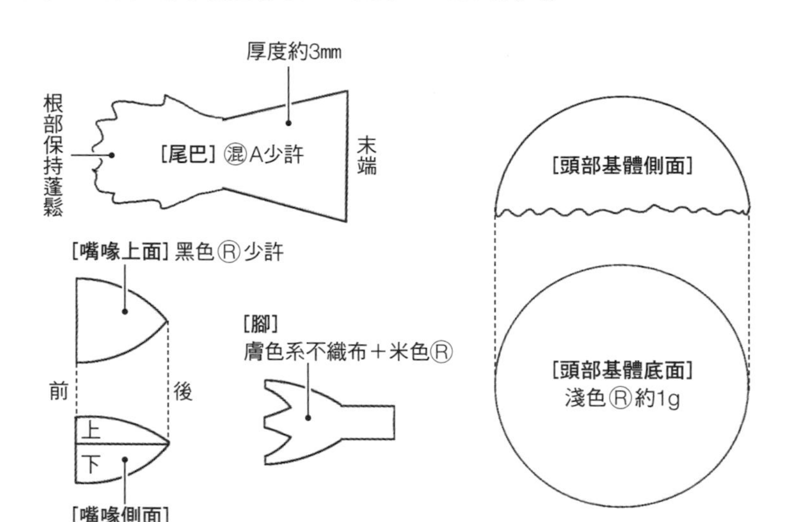

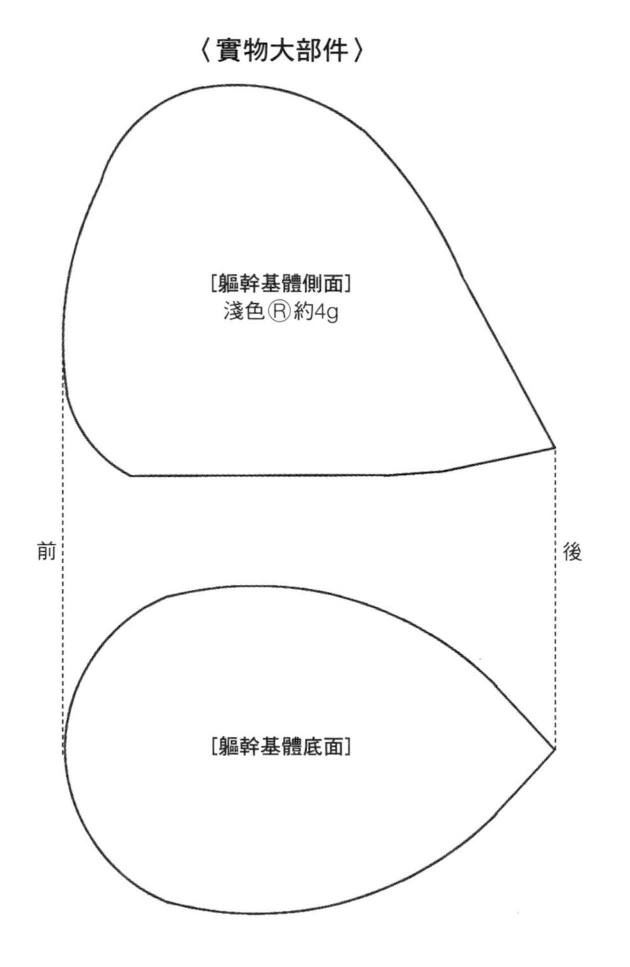

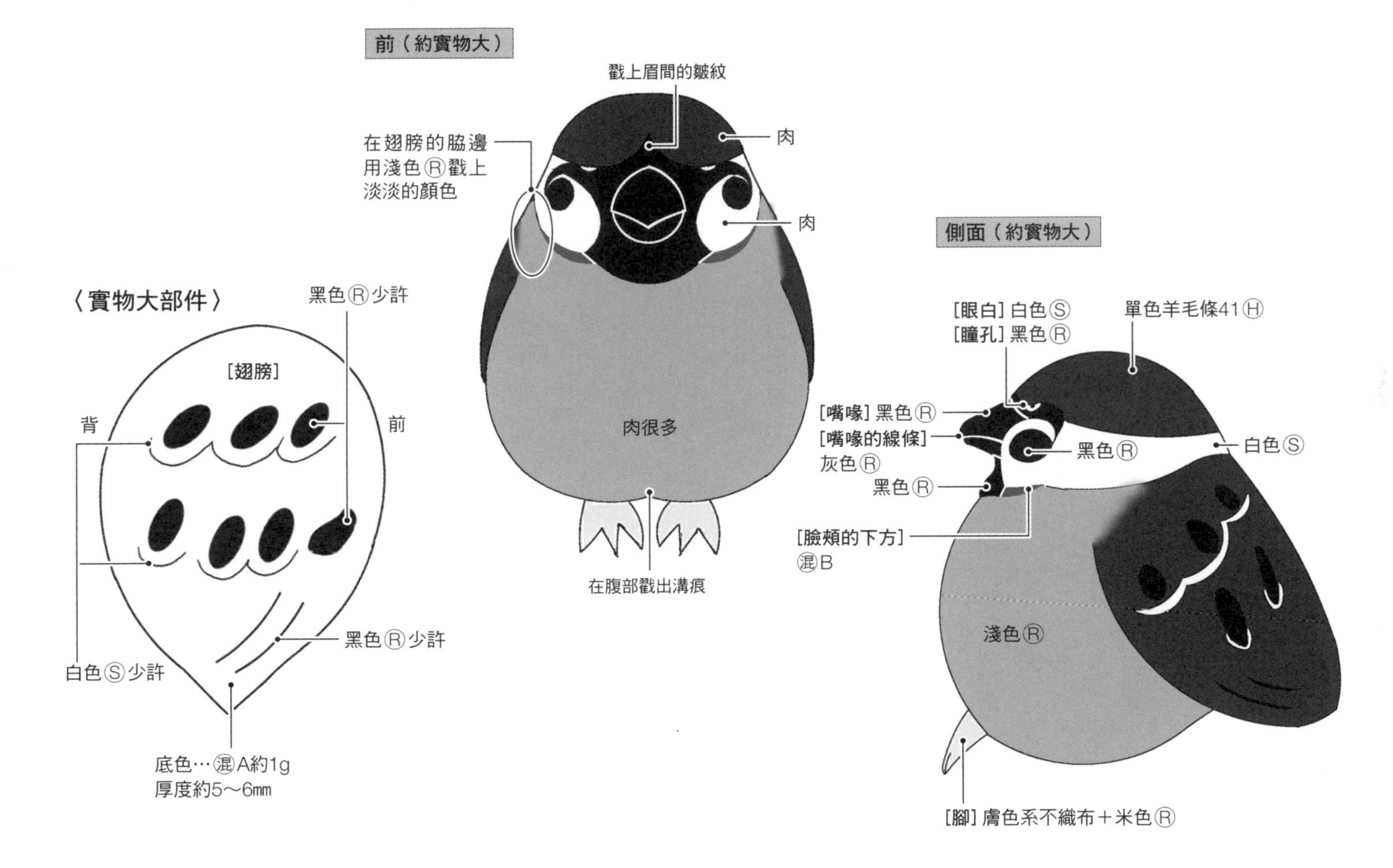
前（約實物大）
戳上眉間的皺紋
在翅膀的脇邊
用淺色Ⓡ戳上
淡淡的顏色
肉
肉
肉很多
在腹部戳出溝痕
〈實物大部件〉
黑色Ⓡ少許
[翅膀]
背
前
黑色Ⓡ少許
白色Ⓢ少許
底色…㊣A約1g
厚度約5～6㎜
側面（約實物大）
[眼白] 白色Ⓢ
[瞳孔] 黑色Ⓡ
單色羊毛條41Ⓗ
[嘴喙] 黑色Ⓡ
[嘴喙的線條]
灰色Ⓡ
黑色Ⓡ
白色Ⓢ
黑色Ⓡ
[臉頰的下方]
混B
淺色Ⓡ
[腳] 膚色系不織布＋米色Ⓡ

黃昏綠頭鴨 難易度 ★★★★☆

〈材料〉

[羊毛] 淺色11g、綠色1g、黑色1g、檸檬色1g、橙黃色少許、藍色少許、中間色少許（皆為Ⓡ）、白色少許Ⓢ

※Ⓡ→羅姆尼、Ⓢ→薩斯當

其他…橘色系不織布少許

●軀幹基體的紙型和「麻雀」（P.88）通用。羊毛使用淺色Ⓡ。

〈作法〉基本流程參照P.45～48「麻雀型」。

①製作各個部件。
②把頭和軀幹接合，加肉之後安裝尾巴。
③安裝翅膀，在背部用中間色Ⓡ加肉。
④在胸部戳上中間色Ⓡ。
⑤安裝嘴喙，戳上鼻孔、眼睛。
⑥在脖子周圍用白色Ⓢ戳上線條。
⑦安裝腳（作法參照P.46）。

〈實物大部件〉

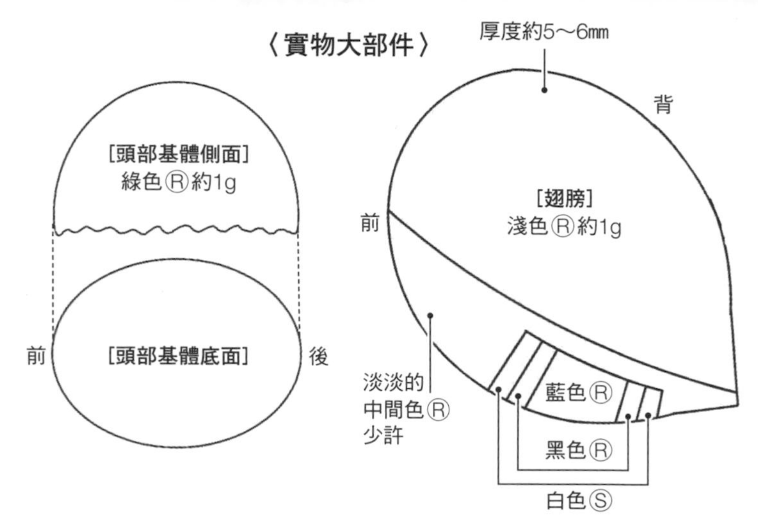

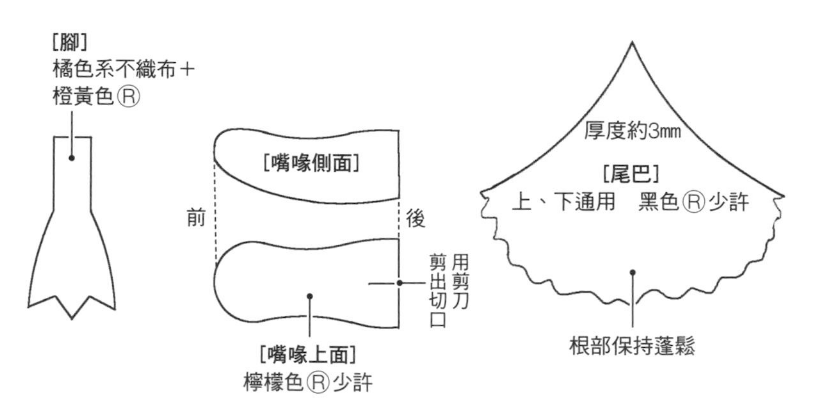

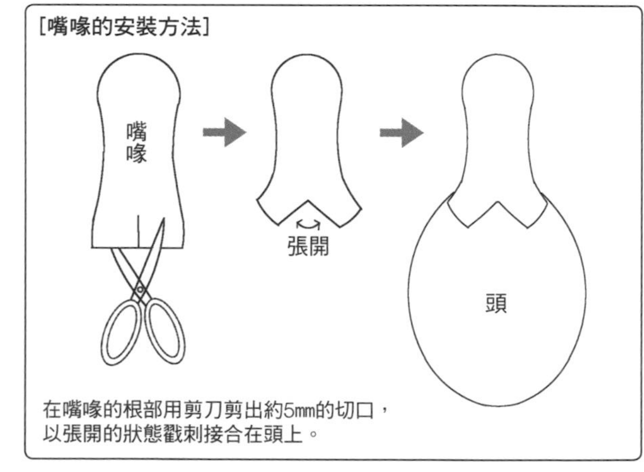

在嘴喙的根部用剪刀剪出約5mm的切口，以張開的狀態戳刺接合在頭上。

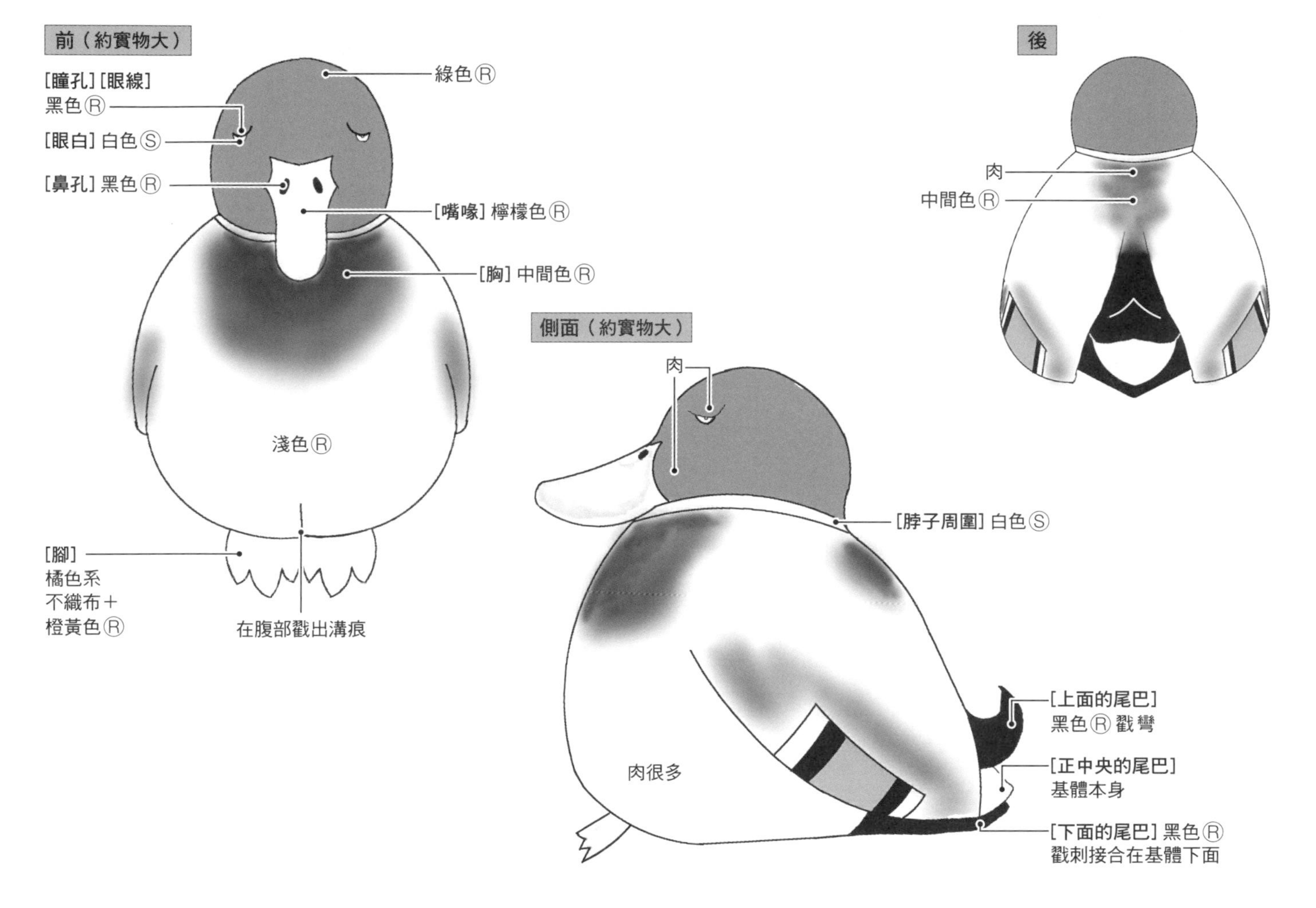
前（約實物大）
[瞳孔] [眼線]
黑色Ⓡ
[眼白] 白色Ⓢ
[鼻孔] 黑色Ⓡ
綠色Ⓡ
[嘴喙] 檸檬色Ⓡ
[胸] 中間色Ⓡ
淺色Ⓡ
[腳]
橘色系
不織布＋
橙黃色Ⓡ
在腹部戳出溝痕
後
肉
中間色Ⓡ
側面（約實物大）
肉
[脖子周圍] 白色Ⓢ
肉很多
[上面的尾巴]
黑色Ⓡ 戳彎
[正中央的尾巴]
基體本身
[下面的尾巴] 黑色Ⓡ
戳刺接合在基體下面

烏鴉媽媽 難易度 ★★☆☆☆

〈材料〉

[羊毛] 黑色13g、灰色少許（皆為Ⓡ）、白色少許Ⓢ

※Ⓡ→羅姆尼、Ⓢ→薩斯當、Ⓗ→Hamanaka

其他…黑色不織布少許

〈作法〉

基本流程參照P.45～48「麻雀型」。把軀幹往橫向拉長一點。

①製作各個部件。

②把頭和軀幹接合，在全身加肉。

③安裝翅膀，加肉。

④安裝嘴喙（參照P.46～47），戳上眼睛。

⑤安裝腳。

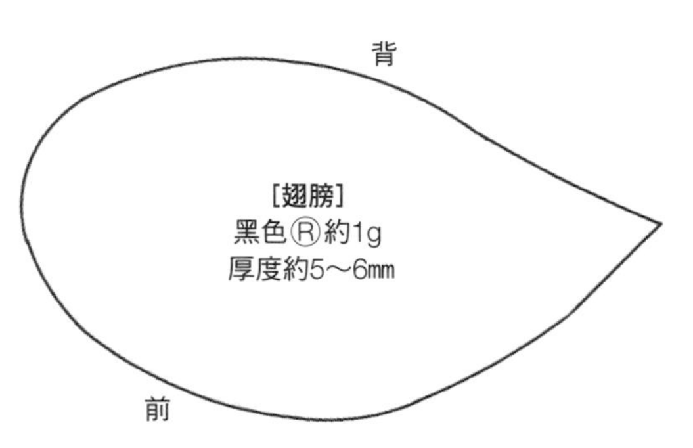

〈實物大部件〉

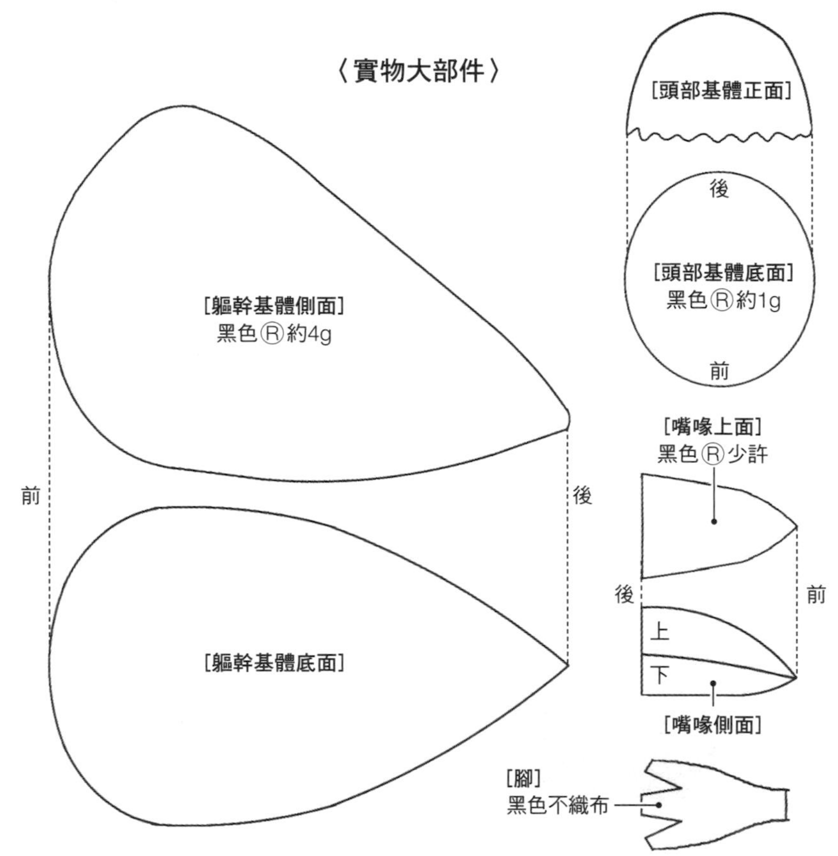

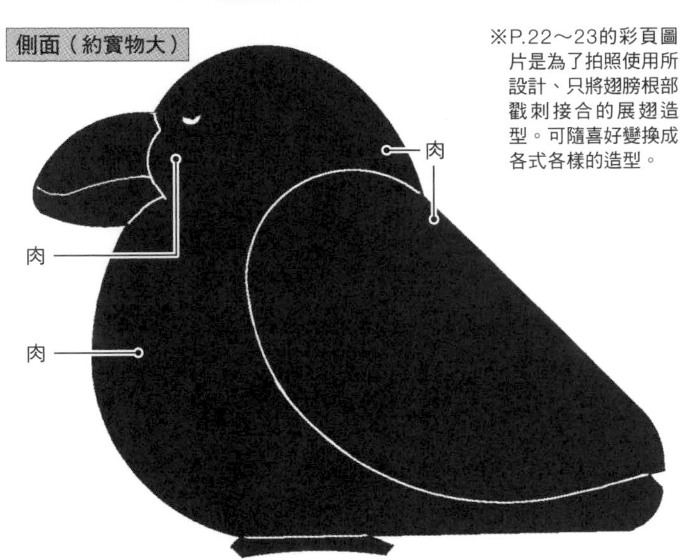

※P.22～23的彩頁圖片是為了拍照使用所設計、只將翅膀根部戳刺接合的展翅造型。可隨喜好變換成各式各樣的造型。

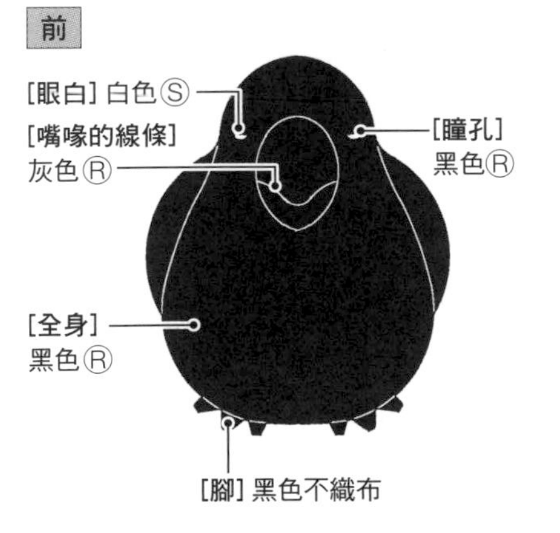

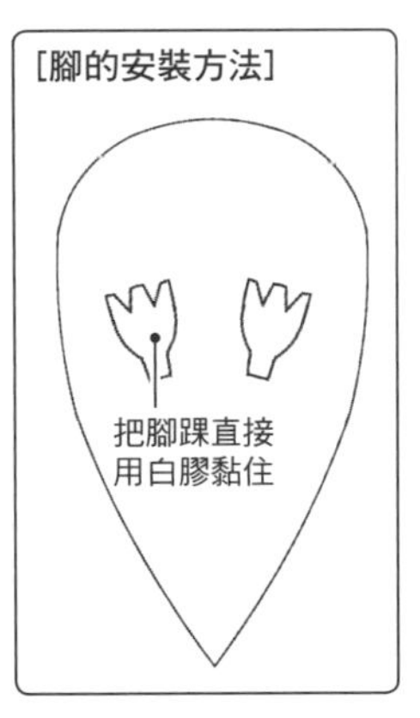

不高興的小烏鴉、寄居的小雞

※縮小至約64%來製作。

※誤差請視整體比例適當地調整。

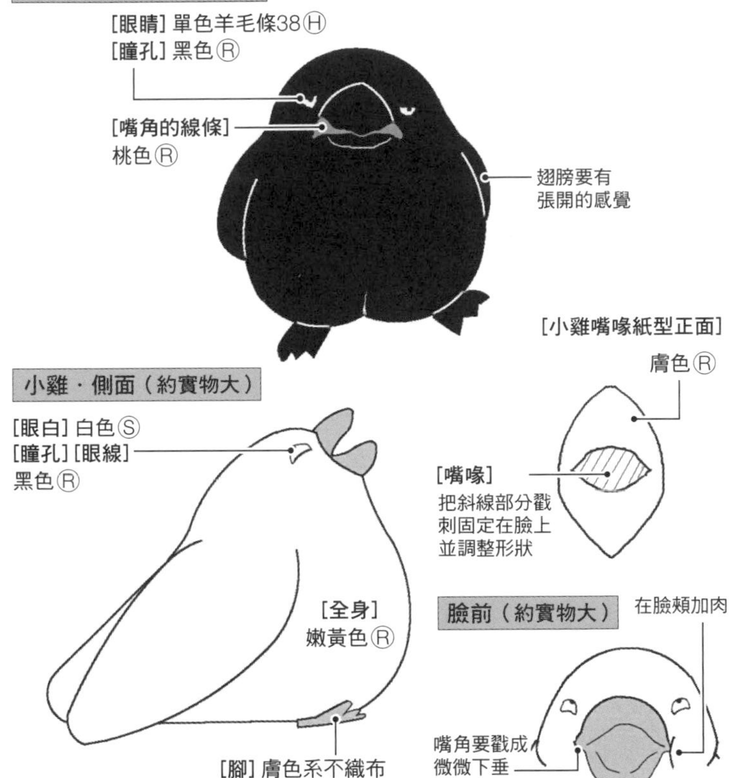

烏龜老闆 難易度 ★★★★☆

〈材料〉

[羊毛] 嫩黃色2g、黑色少許、深色少許（皆為Ⓡ）、
白色8gⓈ、混色羊毛條206…2gⒽ

※Ⓡ→羅姆尼、Ⓢ→薩斯當、Ⓗ→Hamanaka
㊂→事先做好的混色羊毛

其他…黑色不織布少許
彩色染料DYE（筆型）顏色／棕色

〈作法〉

①製作混色羊毛。把白色Ⓢ＋嫩黃色Ⓡ以4：1混合。
→以下稱作㊂。
②製作各個部件。
③在臉部加肉，製作眼睛、
嘴巴、鼻子。
④安裝手腳，加肉。
⑤安裝甲殼。
⑥在全身畫上斑點。
⑦安裝蝴蝶領結。

※作法參照P.63黑豬女的蝴蝶結，把尺寸稍微縮小一點。

〈實物大部件〉

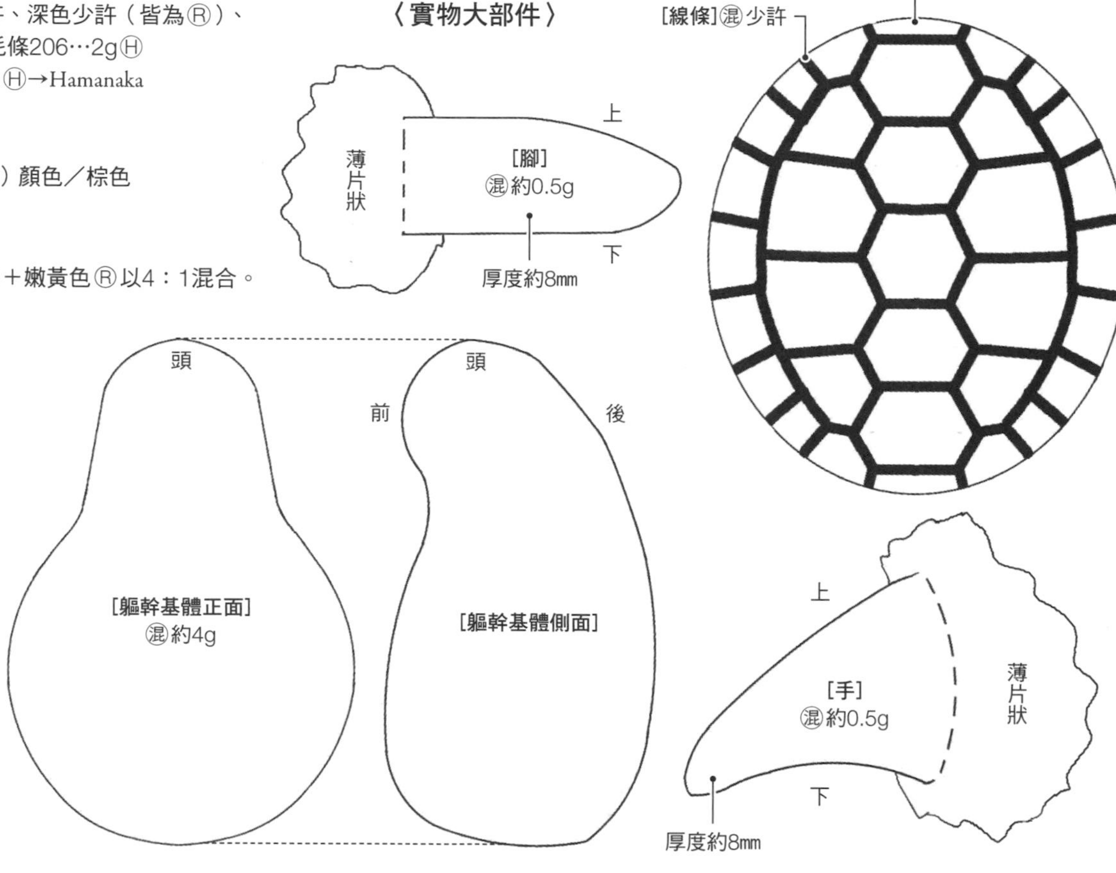

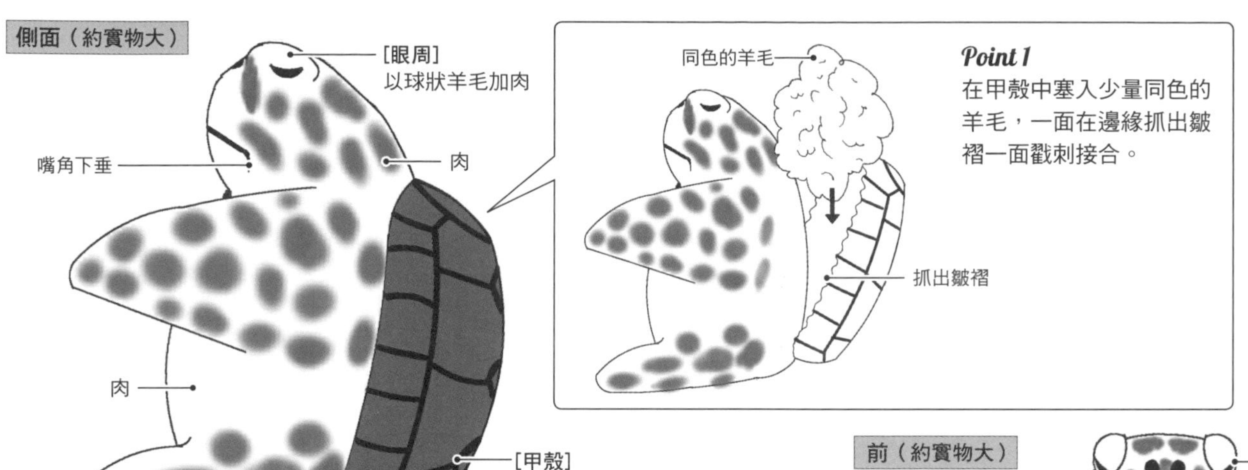
側面（約實物大）
[眼周]
以球狀羊毛加肉
嘴角下垂
肉
肉
[甲殼]
混色羊毛條206Ⓗ
[線條]㊧
同色的羊毛
抓出皺褶
Point 1
在甲殼中塞入少量同色的羊毛，一面在邊緣抓出皺褶一面戳刺接合。

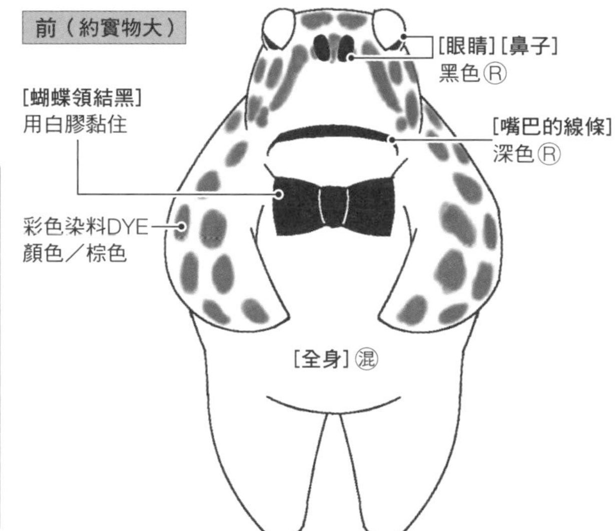
前（約實物大）
[眼睛][鼻子]
黑色Ⓡ
[蝴蝶領結黑]
用白膠黏住
[嘴巴的線條]
深色Ⓡ
彩色染料DYE
顏色／棕色
[全身]㊧

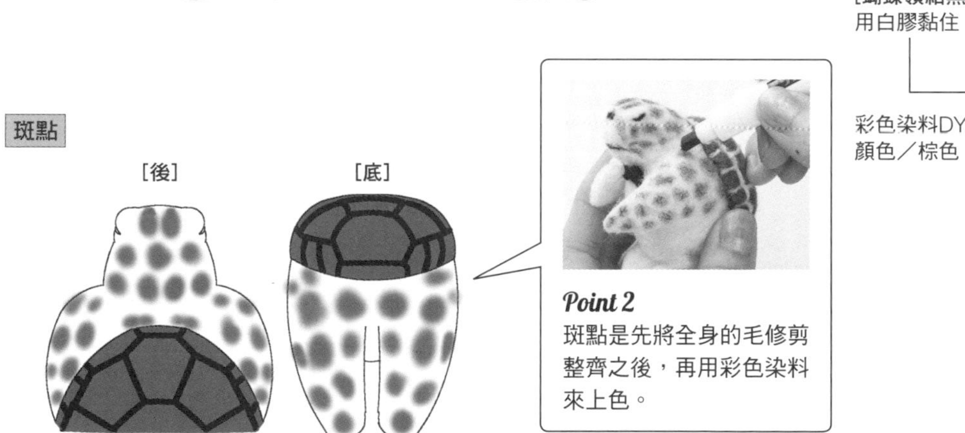
斑點
[後]
[底]
Point 2
斑點是先將全身的毛修剪整齊之後，再用彩色染料來上色。

日文版STAFF
攝影：伊藤泰寛（講談社攝影部）
設計：田中小百合（オスズデザイン）

用羊毛氈戳出
超療癒醜萌動物們的日常

2018年4月1日初版第一刷發行

作　　者	ぴー太郎左右衛門
譯　　者	許倩珮
主　　編	楊瑞琳
美術編輯	黃郁琇
發 行 人	齋木祥行
發 行 地	台灣東販股份有限公司 <地址>台北市南京東路4段130號2F-1 <電話>(02)2577-8878 <傳真>(02)2577-8896 <網址>http://www.tohan.com.tw
郵撥帳號	1405049-4
法律顧問	蕭雄淋律師
總 經 銷	聯合發行股份有限公司 <電話>(02)2917-8022
香港總代理	萬里機構出版有限公司 <電話>2564-7511 <傳真>2565-5539

profile
ぴー太郎左右衛門

居住於北海道。從事過服飾相關行業，2005年接觸到羊毛氈之後便開始以小鳥為主題進行創作。隨後以ぴー（Pi）太郎左右衛門之名出道。原創作品『INKOMAN』（註冊商標註第5225273號）的超現實設計，受到許多愛鳥人士爆發性的支持。2015年在札幌舉辦了個人作品展。愛鳥是鸚鵡ぴー太郎。

嚴禁將本書介紹的作品全部或部分商品化、複製發表或作為競賽的參賽作品。

※海鷗屬於拍攝道具，所以沒有紙型。

國家圖書館出版品預行編目資料

用羊毛氈戳出超療癒醜萌動物們的日常 /
ぴー太郎左右衛門作；許倩珮譯.
-- 初版. -- 臺北市：臺灣東販, 2018.04
96面；21×14.8公分
譯自:羊毛フェルトで作るブサかわアニマル
ISBN 978-986-475-630-8(平裝)

1.手工藝

426.7　　107002797